JN083342

河合塾
SERIES

マーク式
基礎問題集
物理基礎

三訂版

河合塾講師
宮田 茂…[著]

河合出版

は　じ　め　に

　本書は大学入学共通テストの［**物理基礎**］の対策問題集です。また，［**物理**］の学習の基礎固めにも利用できます。問題は次のＡ，Ｂの２種類に分かれています。

　Ａ：絶対に必要な知識や理解を身につけるための問題（41題）
　Ｂ：より理解を深めるための問題（16題）

　大学入学共通テストは，受験生の理解の深さや思考力，判断力の判定を重視したテストであり，工夫を凝らした問題が出題されます。出題形式や題材，設定も独特なので解きにくい印象が強いです。しかし，教科書に示されていないことが出題されることはありません。教科書をていねいに読み，教科書に準じた問題集で知識や理解を確実なものにすれば，工夫を凝らした独特な問題であっても必ず解けます。本書がそのような学習の一端を担うことを願っています。

著者　記す

目　　次

第1章

力 と 運 動

（35題）

§1 速度と加速度

A−1 平均の速度，平均の加速度

x 軸上を運動する物体の時刻 t〔s〕と位置 x〔m〕を測定した結果の一部が次表で示されている。

時刻 t〔s〕	⋯	5.0	5.5	6.0	6.5	7.0	⋯
位置 x〔m〕	⋯	1.0	2.0	4.0	8.0	16.0	⋯

問1 時刻 $t=5.5\,\mathrm{s}$ から $t=6.0\,\mathrm{s}$ の間の平均の速度 $\overline{v_1}$〔m/s〕を求めよ。$\overline{v_1} = \boxed{1}$ m/s

  ① 1.0   ② 2.0   ③ 4.0   ④ 8.0

問2 時刻 $t=6.0\,\mathrm{s}$ から $t=6.5\,\mathrm{s}$ の間の平均の速度 $\overline{v_2}$〔m/s〕を求めよ。$\overline{v_2} = \boxed{2}$ m/s

  ① 1.0   ② 2.0   ③ 4.0   ④ 8.0

問3 $\overline{v_1}$〔m/s〕を時刻 $t=5.75\,\mathrm{s}$ の瞬間の速度とみなし，$\overline{v_2}$〔m/s〕を時刻 $t=6.25\,\mathrm{s}$ の瞬間の速度とみなす。この間の平均の加速度 $\overline{a}$〔m/s²〕を求めよ。$\overline{a} = \boxed{3}$ m/s²

  ① 2.0   ② 4.0   ③ 8.0   ④ 16.0

A−2　瞬間の速度と平均の速度

　まっすぐな直線道路上に停車していた自動車が動き出した。動き出してからの時間と自動車が進んだ距離との関係は次図のようになった。

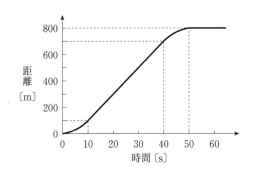

問1　動き出してから50秒間の，自動車の平均の速度の大きさはいくらか。　 1 　m/s

①　14　　　　②　16　　　　③　18　　　　④　20

問2　自動車の瞬間の速度の最大値はいくらか。　 2 　m/s

①　14　　　　②　16　　　　③　18　　　　④　20

A－3　加速度の大きさと向き

　左右に伸びる一直線上を一定の加速度で運動する物体について，加速度の大きさ　ア　と向き　イ　の組合せを選べ。

問1　はじめの速度が右向きに大きさ5 m/sで，2秒後の速度が右向きに大きさ2 m/sの場合。　1

	ア	イ
①	$1.5 \, \mathrm{m/s^2}$	右向き
②	$1.5 \, \mathrm{m/s^2}$	左向き
③	$3.0 \, \mathrm{m/s^2}$	右向き
④	$3.0 \, \mathrm{m/s^2}$	左向き
⑤	$3.5 \, \mathrm{m/s^2}$	右向き
⑥	$3.5 \, \mathrm{m/s^2}$	左向き

問2　はじめの速度が右向きに大きさ5 m/sで，2秒後の速度が左向きに大きさ2 m/sの場合。　2

	ア	イ
①	$1.5 \, \mathrm{m/s^2}$	右向き
②	$1.5 \, \mathrm{m/s^2}$	左向き
③	$3.0 \, \mathrm{m/s^2}$	右向き
④	$3.0 \, \mathrm{m/s^2}$	左向き
⑤	$3.5 \, \mathrm{m/s^2}$	右向き
⑥	$3.5 \, \mathrm{m/s^2}$	左向き

B－4 $v-t$ グラフ

　図は，一直線上を運動する物体の速度 v 〔m/s〕と時間 t 〔s〕の関係
を表している。

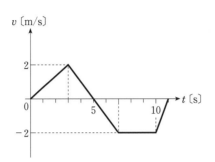

問1　$t=2.0$ s における物体の加速度はいくらか。　| 1 |　m/s^2

　① 0.33　　② 0.67　　③ 1.0　　④ 1.3

問2　$t=0$ における物体の位置と，$t=5.0$ s における物体の位置との
　　距離はいくらか。| 2 | m

　① 0　　　② 2.5　　③ 5.0　　④ 7.5

問3　$t=0$ における物体の位置と，$t=11.0$ s における物体の位置と
　　の距離はいくらか。| 3 | m

　① 4.0　　② 5.0　　③ 9.0　　④ 14

A－5　等加速度直線運動

x 軸上を等加速度直線運動をする物体がある。加速度は $2\,\mathrm{m/s^2}$ で，時刻 $0\,\mathrm{s}$ における物体の位置は原点 O $(x=0\,\mathrm{m})$，そのときの速度は $5\,\mathrm{m/s}$ である。

問1　時刻 $3\,\mathrm{s}$ における物体の速度 v を求めよ。$v=$ ［ 1 ］$\mathrm{m/s}$

① 7　　　　② 9　　　　③ 11　　　　④ 13

問2　時刻 $3\,\mathrm{s}$ における物体の位置 x を求めよ。$x=$ ［ 2 ］m

① 9　　　　② 15　　　　③ 24　　　　④ 30

問3　位置 $x=36\,\mathrm{m}$ を通過するときの物体の速度を求めよ。

［ 3 ］$\mathrm{m/s}$

① 13　　　　② 16　　　　③ 20　　　　④ 24

A－6　負の加速度

x 軸上を等加速度直線運動をする物体がある。加速度は $-4\,\mathrm{m/s^2}$ で，時刻 $0\,\mathrm{s}$ における物体の位置は原点 O $(x=0\,\mathrm{m})$，そのときの速度は $16\,\mathrm{m/s}$ である。

問1　時刻 $3\,\mathrm{s}$ における物体の速度 v_1 を求めよ。$v_1 = \boxed{1}\,\mathrm{m/s}$

　　① 4　　　　② 8　　　　③ 12　　　　④ 16

問2　物体の位置が最大になる時刻 t を求めよ。$t = \boxed{2}\,\mathrm{s}$

　　① 4　　　　② 8　　　　③ 12　　　　④ 16

問3　物体が原点 O を x 軸の負方向に通過するときの速度 v_2 を求めよ。$v_2 = \boxed{3}\,\mathrm{m/s}$

　　① -24　　　② -18　　　③ -16　　　④ -12

A－7　相対速度

x 軸に沿って，x 軸の正方向に速さ 3 m/s で運動している物体 A と，x 軸の正方向に速さ 5 m/s で運動している物体 B がある。

問1　物体 A に対する物体 B の相対速度の大きさ ［ ア ］ と向き ［ イ ］ の組合せを選べ。［ 1 ］

	ア, ウ	イ, エ
①	2 m/s	x 軸の正方向
②	2 m/s	x 軸の負方向
③	8 m/s	x 軸の正方向
④	8 m/s	x 軸の負方向

問2　物体 B に対する物体 A の相対速度の大きさ ［ ウ ］ と向き ［ エ ］ の組合せを選べ。［ 2 ］ （**選択肢は問1と共通**）

B－8　等加速度直線運動と相対速度

x 軸上を等加速度直線運動する物体 A，B がある。

問 1　物体 A は，時刻 $t = 0\,\text{s}$ に原点 O を速度 $-3\,\text{m/s}$ で通過した。
加速度は $-4\,\text{m/s}^2$ である。時刻 $t = 3\,\text{s}$ における速度はいくらか。
　　　　　　 1 　 m/s

　① 　-3 　　　　② 　-12 　　　　③ 　-15 　　　　④ 　-27

問 2　物体 B の位置 $x_\text{B}\,\text{[m]}$ は，時刻 $t\,\text{[s]}$ に対して，
$$x_\text{B} = 10 + 4\,t + 4\,t^2$$
と表される。B の加速度はいくらか。　 2 　 m/s^2

　① 　-8 　　② 　-4 　　③ 　0 　　④ 　4 　　⑤ 　8

問 3　$t = 1\,\text{s}$ において，A に対する B の相対速度はいくらか。
　　　　　　 3 　 m/s

　① 　-19 　　② 　-7 　　③ 　0 　　④ 　7 　　⑤ 　19

§2 落体の運動

A－9 自由落下

自由落下（初速0の落下運動）に関する以下の問いに答えよ。ただし，重力加速度の大きさを $9.8\,\mathrm{m/s^2}$ とし，空気の抵抗は無視できるものとする。

問1 小物体を自由落下させたところ，2.0秒で床に落下した。小物体のはじめの高さは床から何mか。また，床に落下するときの小物体の速さはいくらか。高さ： 1 m，速さ： 2 m/s

① 4.9　　② 9.8　　③ 14.7　　④ 19.6

問2 次に，床からの高さが4.9mの点から，小物体を自由落下させる。小物体が床に落下するときの速さを求めよ。 3 m/s

① 4.9　　② 9.8　　③ 14.7　　④ 19.6

A−10　鉛直投げ上げ，投げ下ろし

地面からの高さが h の位置から，小球 1 を鉛直上向きに速さ v_1 で投げ上げ，小球 2 を速さ v_2 で鉛直下向きに投げ下ろした。投げ出されてから地面に落下するまでの時間は，小球 1 が t_1 で小球 2 が t_2 であった。空気の影響は無視でき，重力加速度の大きさを g とする。

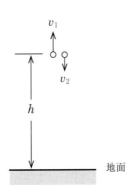

問1　小球 1 について，h を t_1 を用いて表す式を求めよ。 ⬚ 1 ⬚

① $h = v_1 t_1 + \dfrac{1}{2} g t_1^2$ 　　② $h = -v_1 t_1 + \dfrac{1}{2} g t_1^2$

③ $h = v_1 t_1 - \dfrac{1}{2} g t_1^2$ 　　④ $h = -v_1 t_1 - \dfrac{1}{2} g t_1^2$

問2　小球 2 について，h を t_2 を用いて表す式を求めよ。 ⬚ 2 ⬚

① $h = v_2 t_2 + \dfrac{1}{2} g t_2^2$ 　　② $h = -v_2 t_2 + \dfrac{1}{2} g t_2^2$

③ $h = v_2 t_2 - \dfrac{1}{2} g t_2^2$ 　　④ $h = -v_2 t_2 - \dfrac{1}{2} g t_2^2$

B－11　相対運動

地面上のある点から，小球 P を速さ 10 m/s で鉛直上向きに投げ上げる。それと同時に，この点の真上 60 m の高さの点から，小球 Q を速さ 20 m/s で鉛直下向きに投げおろす。重力加速度の大きさを 9.8 m/s^2 とし，空気の抵抗は無視できるものとする。

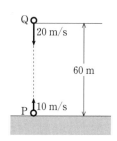

問1　P と Q が衝突するのは，P，Q を投げ出してから何秒後か。
　　　$\boxed{1}$ 秒後

　① 1.0　　② 2.0　　③ 3.0　　④ 4.0

問2　P と Q の衝突点の，地面からの高さはいくらか。$\boxed{2}$ m

　① 0.4　　② 0.6　　③ 9.8　　④ 19.6
　⑤ 20　　⑥ 30　　⑦ 49　　⑧ 55

§3 力のつりあい

A−12 力のつりあいと壁が出す力

力のつりあいと壁が出す力に関する先生と生徒の会話文中の空欄を埋めよ。

（Ⅰ） 力のつりあいに関して

先生：図1はAさんとBさんが同じ大きさfの力で互いに押し合い動かない場合です。図2は二人の間に棒Cをはさみ，同じ大きさfの力で押し合い動かない場合です。これら二つの力がつりあっているのはどちらの場合かわかりますか。

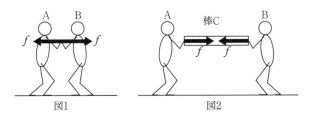

図1　　　　　　　　　　　図2

生徒：どちらもつりあいじゃないのですか。

先生：物理でいう「力のつりあい」をもっと正確に表現すると，「**物体が受ける力のつりあい**」です。これをヒントに考えましょう。

生徒：あっ，わかりました。力のつりあいは　1　の場合です。　2　の場合は，その二つの力を受けている物体がないので，つりあいを考える対象ではありません。

先生：よくできました。

　1　と　2　の選択肢

①　図1　　　　　　　　②　図2

（Ⅱ） 壁が出す力に関して

先生：今度は，図3のように，Aさんが大きさfの力で棒Cを壁に押し付ける場合を考え，図2の場合と比較してみよう。

棒Cは動いていないので，図3の場合も棒Cが受ける力はつりあっているはずですよね。どう考えればよいですか。

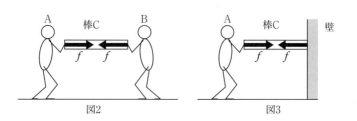

図2　　　　　　　　　図3

生徒：図3のように，壁が図2のBさんの代わりに大きさがfで左向きの力を勝手に出すのだと思います。

先生：そうですね。それでは，Aさんが棒Cを押す力の大きさを2倍の$2f$に増やしたら壁が出す力はどうなるでしょう。

生徒：　3　になると思います。

先生：よくできました。このような壁が出す力のことを　4　といいます。

　3　の選択肢

① 大きさがfで右向きの力　　② 大きさがfで左向きの力

③ 大きさが$2f$で右向きの力　　④ 大きさが$2f$で左向きの力

　4　の選択肢

① Aさんが棒Cを押す力の反作用　　② 抗力

A－13 作用・反作用

次の文章を読んで，下の問いに答えよ。

前問A－12の（Ⅱ）において，棒Cの右端が壁から左向きの力を受けていることがわかりました。次に，壁の立場に立って考えます。すると，明らかに壁は右向きに押されています（図1）。

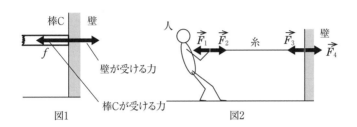

図1

図2

実は，単独の力というものは存在しません。図1のように，力は必ずペアで生じます。そして，それらの力は大きさが同じで，向きが反対になります。これが作用・反作用の法則です。なお，これらの力はその影響を受ける物体が異なりますから，互いが打ち消し合うような力でもありません。

問 図2は壁につけた糸を人が左向きに引っ張っているときに生じる力を示したものである。これらの力において，及ぼしている物体と受けている物体の組合せを答えよ。

$\vec{F_1}$： $\boxed{1}$ ，$\vec{F_2}$： $\boxed{2}$ ，$\vec{F_3}$： $\boxed{3}$ ，$\vec{F_4}$： $\boxed{4}$

（選択肢は次頁）

	力を及ぼす物体	力を受ける物体
①	人	糸
②	人	壁
③	糸	人
④	糸	壁
⑤	壁	糸
⑥	壁	人

A－14　静止摩擦力

図のように，あらい水平面上に重さ50 Nの直方体を置き，水平右向きに引っ張る実験をした。直方体と水平面の間の静止摩擦係数を0.4とする。次の文中の空欄を埋めよ。

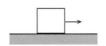

水平右向きに引っ張る力を10 Nにするとき，直方体は動きださなかった。このとき，直方体が水平面から受ける静止摩擦力の大きさは　1　で，垂直抗力の大きさは　2　である。静止摩擦力も抗力のひとつなので，水平右向きに引っ張る力を徐々に大きくすると，静止摩擦力も徐々に大きくなる。ただし，上限があり，この場合は　3　より大きくならない。また，引っ張る力の大きさが48 Nでも直方体が動き出さないようにするには，重さが　4　以上の物体を直方体の上にのせればよい。

　1　～　4　の選択肢

① 10 N　② 20 N　③ 30 N　④ 40 N　⑤ 50 N

⑥ 60 N　⑦ 70 N　⑧ 80 N　⑨ 90 N　⓪ 100 N

A－15　ばねの弾性力

　重さ W のおもり X を鉛直につり下げ，つりあわせると，長さが ℓ だけ伸びるばねがある（図1）。このばねとおもり X を用いて，図2，図3のような装置をつくる。つりあった状態でのばねの伸びについて考える。

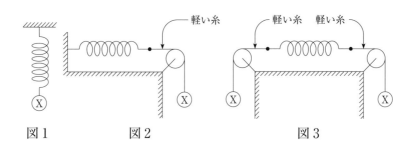

図1　　　　図2　　　　　　　　図3

問1　図2の場合のばねの伸びはいくらか。　1

　　　① 0　　　　② ℓ　　　　③ $\dfrac{1}{2}\ell$　　　④ 2ℓ

問2　図3の場合のばねの伸びはいくらか。　2
　　（選択肢は問1と共通）

B－16　浮力

　図のように，天井から糸でつるした鉄製の円柱を鉛直につり下げ，水中に沈める。

問1　鉄製の円柱に作用する鉛直方向の力に関する記述として**誤って**いるものを選べ。　| 1 |

① 重力，糸の張力，上面が水から受ける力，下面が水から受ける力が作用し，これらがつりあっている。

② 重力，糸の張力，浮力，上面が水から受ける力，下面が水から受ける力が作用し，これらがつりあっている。

③ 重力，糸の張力，浮力が作用し，これらがつりあっている。

④ 上面が水から受ける力は鉛直下向きであり，下面が水から受ける力は鉛直上向きである。

問2　大気圧を P_0，重力加速度の大きさを g とする。また，円柱の断面積を S，質量を m とする。円柱が受けている浮力の大きさを f として，糸の張力の大きさを求めよ。　| 2 |

① $mg - f + P_0 S$ 　　　② $mg + f$

③ $mg - f - P_0 S$ 　　　④ $mg - f$

B−17 圧力

　円筒容器を逆さまにして水面にかぶせ，それを水中に少し沈ませつりあわせたところ，図の位置でつりあった。円筒容器の質量を m，断面積を S，大気圧を P_0，重力加速度の大きさを g とし，円筒容器の厚さは無視できるものとする。

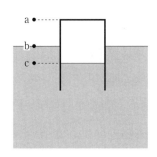

問1 円筒容器が受ける力のつりあいより，円筒容器内に閉じ込められている空気の圧力を求めよ。　　| 1 |

① $P_0 + \dfrac{mg}{S}$　　　　　　② $P_0 - \dfrac{mg}{S}$

③ $P_0 S + mg$　　　　　　④ $P_0 S - mg$

問2 円筒容器内の空気の圧力と圧力が等しい点を求めよ。　| 2 |

① a　② b　③ c

B−18　摩擦角

　水平面に対する角度 θ を変えることのできるあらい斜面がある。斜面上に質量 m の小物体を置き，θ の値を 0 から徐々に大きくしていくと，$\theta = \theta_1$ を超えたとき小物体が斜面上をすべり出した。斜面と小物体との間の静止摩擦係数を μ_0 とし，重力加速度の大きさを g とする。

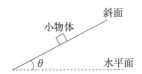

問 1　$\theta \leqq \theta_1$ のとき，小物体が斜面から受けている垂直抗力の大きさと，静止摩擦力の大きさの組合せとして正しいものを選べ。

　　$\boxed{1}$

	垂直抗力	静止摩擦力
①	$mg\cos\theta$	$\mu_0\, mg\cos\theta$
②	$mg\cos\theta$	$mg\sin\theta$
③	$mg\sin\theta$	$\mu_0\, mg\sin\theta$
④	$mg\sin\theta$	$mg\cos\theta$

問 2　μ_0 はいくらか。$\mu_0 = \boxed{2}$

　①　$\tan\theta_1$　　②　$\cos\theta_1$　　③　$\sin\theta_1$　　④　$\dfrac{1}{\tan\theta_1}$

B－19　ばねの組み合わせ

　自然長とばね定数が同じ3個のばねA，B，Cがある。図のように，水平面上にばねAとBの左端を固定し，右端を棒の点aと点bにつなぐ。ばねCの左端を棒の点cにつなぐ。ばねA，Bは平行で，棒とは垂直である。点cは点aと点bの中点である。ばねCの右端を，右に距離 L だけ変位させ，その位置でつりあわす。

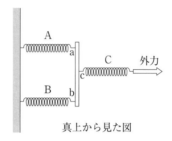

真上から見た図

　このときのばねA，Bの伸びはいくらか。　　1

　① $\dfrac{1}{2}L$　　② $\dfrac{1}{3}L$　　③ $\dfrac{1}{4}L$　　④ $\dfrac{1}{5}L$

§ 4　運動方程式

A－20　運動の法則

物体にはたらく力とその物体の加速度に関する次の問いに答えよ。

問1　質量 5.0 kg の物体に大きさ 25 N の一定の力を加え続けると，物体の加速度の大きさはいくらになるか。$\boxed{1}$ m/s^2

① 0.2　　② 5.0　　③ 25.0　　④ 125

問2　質量 4.0 kg の物体が大きさ 12 m/s^2 の加速度で等加速度直線運動している。物体にはたらく力の合力の大きさはいくらか。
$\boxed{2}$ N

① 0　　② 3.0　　③ 12　　④ 48

問3　鉛直上向きに投げ上げられた物体にはたらく力に関する適当な記述を選べ。ただし，空気抵抗は無視できるものとする。$\boxed{3}$

① 重力と進む力がはたらく。
② 重力と進む力と投げたときの力がはたらく。
③ 最高点では，はたらく力の合力がゼロになる。
④ 重力だけがはたらく。

A－21　運動方程式

質量 m〔kg〕の小物体 P の運動について答えよ。重力加速度の大きさを g〔m/s²〕とする。

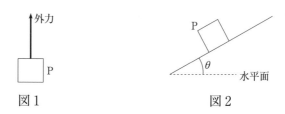

図1　　　　　　　　　　　図2

問1　図1のように，鉛直上向きで大きさ F〔N〕の外力を P にかける。$F > mg$ として，加速度の大きさを求めよ。 $\boxed{1}$ 〔m/s²〕

① g

② $g + \dfrac{F}{m}$

③ $g - \dfrac{F}{m}$

④ $\dfrac{F}{m} - g$

⑤ $\dfrac{F}{m}$

問2　図2のように，水平面と θ の角をなすなめらかな斜面上に P を置くと，P は斜面をすべり下りる。このとき，P が斜面から受ける垂直抗力の大きさを求めよ。 $\boxed{2}$ 〔N〕　また，P の加速度の大きさを求めよ。 $\boxed{3}$ 〔m/s²〕

① mg

② $mg\cos\theta$

③ $mg\sin\theta$

④ $\dfrac{mg}{\cos\theta}$

⑤ $\dfrac{mg}{\sin\theta}$

⑥ $g\cos\theta$

⑦ $g\sin\theta$

⑧ $g(1+\cos\theta)$

⑨ $g(1+\sin\theta)$

A－22　定滑車

　図のように，小物体 A と小物体 B を糸でつなぎ，糸を天井から糸で
つり下げたなめらかにまわる定滑車にかける。A の質量は m，B の質
量は $M(M > m)$ である。全体の支えを外したところ，A，B は大きさ
a の加速度で運動した。このときの糸の張力の大きさを T とする。
重力加速度の大きさを g とし，空気抵抗，糸の伸び，定滑車の質量を
無視する。

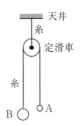

天井
糸
定滑車
糸
B　A

問1　小物体 A に関する運動方程式を求めよ。 1

① $ma = T + mg$ 　　② $ma = T - mg$

③ $ma = -T + mg$ 　　④ $ma = Mg - mg$

問2　小物体 B に関する運動方程式を求めよ。 2

① $Ma = T + Mg$ 　　② $Ma = T - Mg$

③ $Ma = -T + Mg$ 　　④ $Ma = Mg - mg$

問3　$M = 3m$ の場合について，a と T を求めよ。$a =$ 3 ，$T =$ 4

3 の選択肢

① $\dfrac{1}{5}g$ 　　② $\dfrac{1}{4}g$ 　　③ $\dfrac{1}{3}g$ 　　④ $\dfrac{1}{2}g$

4 の選択肢

① $\dfrac{3}{5}mg$ 　　② $\dfrac{3}{4}mg$ 　　③ mg 　　④ $\dfrac{3}{2}mg$

A−23　斜面が受ける力

　図のように，鉛直なすべり止めのある水平面上に，三角柱をすべり止めに接して置く。三角柱の斜面上で質量 m の小物体をすべらせる。三角柱の斜面と水平面がなす角度を θ，重力加速度の大きさを g とし，装置各部の摩擦は無視できるものとする。三角柱の斜面上を小物体がすべり下りているときについて答えよ。

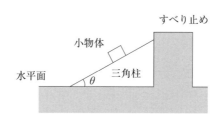

問　三角柱が小物体から受ける力に関して，最も適当な記述を選べ。

　　1

① 鉛直下向きに大きさ mg の力だけを受けている。

② 鉛直下向きに大きさ mg の力と斜面に垂直で，斜め下向きに大きさ $mg\cos\theta$ の力を受けている。

③ 鉛直下向きに大きさ mg の力と斜面に垂直で，斜め上向きに大きさ $mg\cos\theta$ の力を受けている。

④ 斜面に垂直で，斜め下向きに大きさ $mg\cos\theta$ の力だけを受けている。

⑤ 斜面に垂直で，斜め上向きに大きさ $mg\cos\theta$ の力だけを受けている。

A-24 静止摩擦力と運動

なめらかな水平面上に質量 M の A を置き，A の上に質量 m の B を置く。A に大きさ F の水平な力を加えたところ，A と B は一体となって運動した。

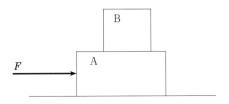

問1　一体となった A，B の加速度の大きさはいくらか。　1

① $\dfrac{F}{M}$　　　　　② $\dfrac{F}{m}$　　　　　③ $\dfrac{F}{m+M}$

問2　B が A から受ける水平方向の力について，正しい記述を選べ。　2

　① 左向きの動摩擦力を受ける。

　② 左向きの静止摩擦力を受ける。

　③ 右向きの動摩擦力を受ける。

　④ 右向きの静止摩擦力を受ける。

§5　力学的エネルギーと仕事

A−25　力学的エネルギー保存則

　高さ5mの台から水平面に滑り台を設置し，台の上から質量 10 kg の物体を滑り台で下ろす場合を考える。重力加速度の大きさを 9.8 m/s² として各問いに答えよ。ただし，物体と滑り台の間の摩擦は無視できるものとする。

問1　以下の文章中の　ア　と　イ　に入る数値の組合せとして最も適当なものを選べ。　1

　　この物体は，台の上では水平面に対し，およそ　ア　Jの位置エネルギーをもっている。台の上から静かに放された物体が水平面についたとき，物体はおよそ　イ　Jの運動エネルギーをもつことになる。

	ア	イ
①	2×10^2	2×10^2
②	2×10^2	5×10^2
③	5×10^2	2×10^2
④	5×10^2	5×10^2

問2　滑り台の傾きを変えると，水平面についたときの物体の速さはどのようになるか。　2

① 傾きが急になるほど遅くなる。
② 傾きが急になるほど速くなる。
③ 傾きによらず同じ値である。
④ 水平面に対する角度が45°のとき最小となる。
⑤ 水平面に対する角度が45°のとき最大となる。

A-26　ばねの弾性エネルギー

　図のように，なめらかな水平面上にばねを置き，ばねの左端を固定する。ばねの右端に質量 m の小物体を取り付け，ばねをゆっくりと A だけ縮め，その点Pで保持する。点Pで小物体を静かに放したところ，Pから距離 x（$0 < x < 2A$）の位置を小物体は速さ v で通過した。

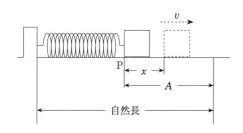

問　この間の運動を表す力学的エネルギー保存則を選べ。　1

① $\dfrac{1}{2}kA^2 = \dfrac{1}{2}mv^2 + \dfrac{1}{2}kx^2$

② $\dfrac{1}{2}kA^2 + \dfrac{1}{2}mv^2 = \dfrac{1}{2}kx^2$

③ $\dfrac{1}{2}kA^2 = \dfrac{1}{2}mv^2 + \dfrac{1}{2}k(A-x)^2$

④ $\dfrac{1}{2}kA^2 + \dfrac{1}{2}mv^2 = \dfrac{1}{2}k(A-x)^2$

⑤ $\dfrac{1}{2}k(A-x)^2 = \dfrac{1}{2}mv^2$

A－27　仕事

　あらい水平面上に重さ 50 N の直方体を置き，大きさ 80 N の外力を水平右向きに加え移動させる。このとき，直方体は水平面から大きさ 30 N の動摩擦力を受けるものとする。直方体を 2 m 移動させるまでの間に関して，各力の仕事を求めよ。外力：　1　J，重力：　2　J，垂直抗力：　3　J，動摩擦力：　4　J

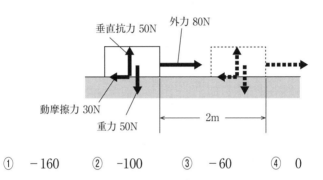

垂直抗力 50N　　外力 80N

動摩擦力 30N

重力 50N

2m

① －160　　② －100　　③ －60　　④ 0

⑤ 60　　⑥ 100　　⑦ 160

　この直方体を，水平面と30°をなすなめらかな斜面に置き，水平方向から 100 N の大きさの外力で押して，斜面に沿って 4 m 移動させる。この間における重力と外力の仕事を求めよ。外力：　5　J，重力：　6　J

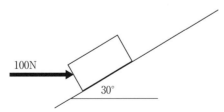

100N

30°

① －400　　② －346　　③ －173　　④ －100

⑤ 100　　⑥ 173　　⑦ 346　　⑧ 400

B－28 振り子の運動

質量2kgのおもりを長さ40 cmの糸で天井からつるす。糸が水平になるようにおもりを引き上げ、静かに放す。重力加速度の大きさを9.8 m/s²とする。

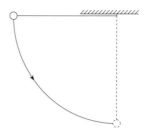

問1 動き始めてから最下点を通過するまでの間に、次の各力のする仕事はいくらか。

おもりにはたらく重力　| 1 |　J

おもりにはたらく糸の張力　| 2 |　J

① 784　　② 78.4　　③ 7.84　　④ 0.784

⑤ 0　　⑥ 28　　⑦ 2.8　　⑧ 0.28

問2 最下点を通過するときの、おもりの速さはいくらか。

| 3 | m/s

① 28　　② 2.8　　③ 0.28　　④ 14

⑤ 1.4　　⑥ 0.14

B－29　巻き上げ機

　　モーターに糸巻きをつけ，小球をつけた糸を巻きつけて小球を引き
上げる。小球の質量をかえて，小球を 4.0 m 引き上げる時間を測定し
た。表はその実験結果である。小球が上昇する速さは一定であり，
モーターの仕事率は実験ごとに変えることができる。重力加速度の大
きさを 9.8 m/s^2 とする。

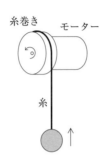

	質量	時間
実験1	1.5 kg	4.0 秒
実験2	3.0 kg	8.0 秒
実験3	6.0 kg	a 秒

問1　実験1において，モーターがした仕事率はいくらか。　 1 　W

　　① 　10　　　　　② 　15　　　　　③ 　20　　　　　④ 　25

問2　実験2と実験3におけるモーターの仕事率が等しいとする。
　 a 　はいくらか。　 2

　　① 　4.0　　　　　② 　8.0　　　　　③ 　12　　　　　④ 　16

§6 熱とエネルギー

A−30 熱と温度

次の会話中の空欄を埋めよ。

生徒：熱とか温度がうまく理解できません。

先生：温度はその物体を構成する　1　を示しています。温度のう
　　　ち，絶対温度はその物体を構成する　2　に比例するものです。
　　　加熱して物体の絶対温度を2倍にするとき，　2　が2倍に
　　　なっています。そして，温度の異なる物体を接触させると，接
　　　触面で，分子同士がぶつかり，やがて，　1　が均一化します。
　　　このとき，高温物体の　2　は減少し，低温物体の　2　は
　　　増加します。高温物体から低温物体に移った　3　を熱と言
　　　います。

生徒：じゃあ，熱は二つの物体を接触させないと伝わらないのですか。

先生：実は，接触させなくても伝わる場合があります。物体が光や赤
　　　外線を放出したり吸収したりすることによっても熱が伝わりま
　　　す。

　　　1　の選択肢
　　①　分子の質量　　　　　　　②　分子の単位体積当たりの数
　　③　分子の運動の激しさ
　　　2　の選択肢
　　①　分子1個の質量　　　　　②　分子の単位体積当たりの数
　　③　分子1個の運動エネルギーの平均値
　　　3　の選択肢
　　①　質量　　　　　②　温度　　　　　③　エネルギー

A −31　比熱と熱容量

比熱と熱容量に関する次の問いに答えよ。水100 g を加熱して温度を上昇させたい。水の比熱を $4.2\,\mathrm{J/(g \cdot K)}$ とする。

問1　水100 g の熱容量はいくらか。単位をつけて選べ。　$\boxed{1}$

① $42\,\mathrm{J}$　　② $42\,\mathrm{J/g}$　　③ $42\,\mathrm{J/K}$　　④ $42\,\mathrm{K/g}$

⑤ $420\,\mathrm{J}$　　⑥ $420\,\mathrm{J/g}$　　⑦ $420\,\mathrm{J/K}$　　⑧ $420\,\mathrm{K/g}$

問2　質量が m で熱容量が C の物体の絶対温度を $\varDelta T$ だけ上げたい。そのために加える熱量はいくらか。$\boxed{2}$ また，この物体の比熱はいくらか。$\boxed{3}$

$\boxed{2}$ の選択肢

① $mC\varDelta T$　　② $C\varDelta T$　　③ $m\varDelta T$　　④ $\dfrac{m}{C}\varDelta T$

$\boxed{3}$ の選択肢

① mC　　② $\dfrac{m}{C}$　　③ $\dfrac{C}{m}$

A－32　熱量の保存

　断熱容器内に 20 ℃の水 500 g が入っている。185 g の銅球を 80 ℃にしてその中へ入れると，しばらくして全体の温度が 22 ℃になった。水の比熱を 4.2 J/g・K として，次の問いに答えよ。ただし，容器の熱容量は無視でき，熱のやりとりは水と銅球の間でのみ起こるものとする。

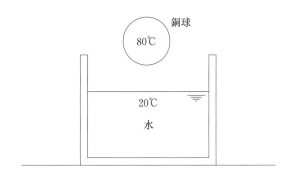

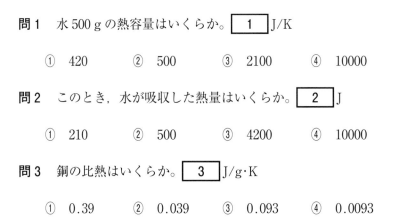

問1　水 500 g の熱容量はいくらか。　| 1 |　J/K

　① 420　　　② 500　　　③ 2100　　　④ 10000

問2　このとき，水が吸収した熱量はいくらか。　| 2 |　J

　① 210　　　② 500　　　③ 4200　　　④ 10000

問3　銅の比熱はいくらか。　| 3 |　J/g・K

　① 0.39　　　② 0.039　　　③ 0.093　　　④ 0.0093

A－33　潜熱

　-10℃の氷 1.0 kg に，1 秒間に 500 J の割合で熱を加え続けたところ，その温度が図のように変化した。

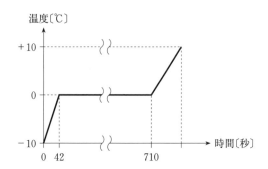

問1　氷の比熱はいくらか。　| 1 |　J/g·K

① 1.0　　② 2.1　　③ 4.2　　④ 8.4

⑤ 10　　⑥ 21　　⑦ 42　　⑧ 84

問2　熱を加えてからの時間が 42 秒から 710 秒までの間について，**適当でない記述を選べ。**　| 2 |

① 氷と水が混在しており，時間が経つにつれて氷が少なくなり，水が増えている。

② この間に加えた熱量と同じ量の熱を 0℃の水から奪うと水が凍り，0℃の氷になる。

③ 温度は変化していないが，分子の運動エネルギーは増加している。

問3　水の温度が +10℃になるときの時間はいくらか。ただし，水の比熱を氷の比熱の 2.0 倍とする。　| 3 |　秒

① 752　　② 794　　③ 823　　④ 924

B-34 生活とエネルギー

熱に関する次の各問いに答えよ。

問1 0℃のときの長さが10 m の鉄の棒を100℃にまで加熱すると何 mm 長さが伸びるか。鉄の線膨張率を 1.2×10^{-5}/K とする。

[1] mm

① 1.2 　　② 2.4 　　③ 4.8 　　④ 9.6

⑤ 12 　　⑥ 24 　　⑦ 48 　　⑧ 96

問2 コージェネレーションについて，適当な記述を選べ。 [2]

① 発電の際に放出される熱を暖房などに有効利用することをいう。

② 熱機関の熱効率が1未満になることをいう。

③ 気体の内部エネルギーの変化は，気体がされた仕事と気体に与えた熱量の和に等しいことをいう。

④ 外部から何らかの操作をしないかぎり，ひとりでに初めの状態に戻らない変化のことをいう。

問3 熱を加えず気体を圧縮すると，気体の温度が上昇する。この現象と共通点が最も多い現象を選べ。 [3]

① 物体に太陽光を当てると，物体の温度が上昇する。

② のこぎりで木を切ると，のこぎりの刃や木の温度が上昇する。

③ ニクロム線に電流を流すとニクロム線の温度が上昇する。

④ 石油ストーブをつけてしばらくすると，部屋の温度が上昇する。

B−35　気体の仕事

円筒容器に気体を入れ，ピストンで閉じ込める。図1，2のように
ピストンに外力を加え，気体の体積を変える。どちらの場合も，気体
と外部との間で熱の授受はないものとする。

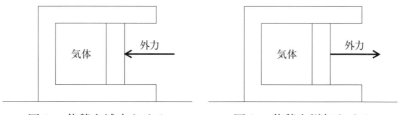

図1　体積を減少させる　　　図2　体積を増加させる

問1　仕事に関する正しい記述を選べ。　1

①　図1の場合も図2の場合も，気体が仕事をされた。

②　図1の場合も図2の場合も，気体が仕事をした。

③　図1の場合は気体が仕事をされた。図2の場合は気体が仕事
をした。

④　図1の場合は気体が仕事をした。図2の場合は気体が仕事を
された。

問2　気体の温度変化に関する正しい記述を選べ。　2

①　図1の場合も図2の場合も，気体の温度が変化しない。

②　図1の場合も図2の場合も，気体の温度が上がる。

③　図1の場合も図2の場合も，気体の温度が下がる。

④　図1の場合は気体の温度が上がる。図2の場合は気体の温度
が下がる。

⑤　図1の場合は気体の温度が下がる。図2の場合は気体の温度
が上がる。

第2章

波　　　　　動

（11題）

§1 波の性質

A－36 波の基本

波に関する文中の空欄を埋めよ。

理想化した横波の正弦波を考えます。理想化した波は波形を保ったまま平行移動します。平行移動する速さが波の速さ v です。図は，ある瞬間の波形（実線）と単位時間後の波形（破線）です。この間に波の先頭は点 A から点 B に移っています。

この間に点 A を通過した波の数（1波長を1個と数える）は，この図の場合， 1 個です。この単位時間に通過する波の数を波の 2 といいます。

点 A の媒質の動きに着目すると，横波の場合，この媒質は 3 に振動します。点 A の媒質が単位時間あたりに振動する回数は 1 回ですから，この回数も波の 2 です。

波の速さを v，振動数を f，波長を λ とすると，これらの関係式は 4 となります。

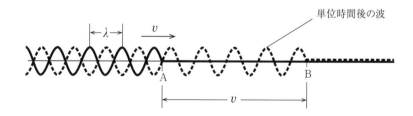

1 の選択肢

① 3   ② 3.5   ③ 4   ④ 4.5

⑤ 6   ⑥ 7   ⑦ 8   ⑧ 9

2 と 3 の選択肢

① 上下   ② 左右   ③ 周期   ④ 振動数

4 の選択肢

① $v = \dfrac{f}{\lambda}$ ② $v = \dfrac{\lambda}{f}$ ③ $v = f\lambda$

A－37　波形と媒質

　x 軸の正方向に速さ 20 m/s で伝わる正弦波形の横波がある。図は，時刻 $t = 0$ における，位置 x〔m〕の媒質の変位 y〔mm〕を示したものである。

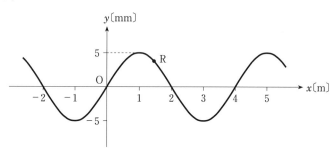

問1　この波の周期はいくらか。　│　1　│　s

　① 0.1　　② 0.2　　③ 0.25　　④ 0.5

　⑤ 1.0　　⑥ 2.0　　⑦ 2.5　　⑧ 5.0

問2　黒丸 R は，$x = 1.5$ m の位置での媒質を表している。図の瞬間（$t = 0$）における，この媒質の速度の向きはどれか。矢印の中から選べ。

　│　2　│

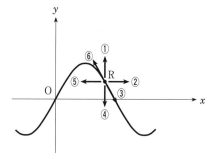

A－38　縦波

縦波の正弦波が，x 軸上を正方向に速さ $300\,\mathrm{m/s}$ で伝わっている。図は，時刻 $t=0$ における変位 $y\,[\mathrm{mm}]$ と位置 $x\,[\mathrm{m}]$ の関係を示したものである。ただし，x 軸の正方向への変位を y 軸の正方向に，x 軸の負方向への変位を y 軸の負方向に，それぞれおき直している。

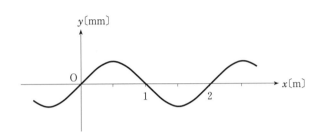

問1　この波の振動数はいくらか。　| 1 | Hz

① 600　　② 450　　③ 300　　④ 200　　⑤ 150

問2　時刻 $t=0$ において，媒質が最も密な位置はどこか。

$x=$ | 2 | m

また，最も疎な位置はどこか。$x=$ | 3 | m

① 0　　　② 0.5　　　③ 1　　　④ 1.5

問3　時刻 $t=0$ において，媒質の速度の向きが x 軸の正方向である位置はどこか。　| 4 |

① $0<x<1$　　　　② $1<x<2$

③ $0.5<x<1.5$　　④ $1.5<x<2.5$

⑤ $0<x<0.5$　　　⑥ $1<x<1.5$

A－39 $y － t$ グラフ

　図は，x 軸上を正の向きに進む正弦波の時刻 $t=0$ での波形を実線で表したものであり，時刻 $t=2.0$ s での波形を点線で表したものである。時刻 $t=0$ から $t=2.0$ s の間に，位置 $x=0.5$ m における変位は一度も $y=-0.4$ m になっていない。

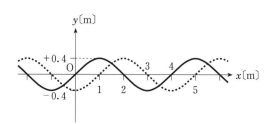

問1　この正弦波の速さはいくらか。　　1　　m/s

①　0.5　　　②　1.0　　　③　1.5　　　④　2.0

⑤　2.5　　　⑥　3.0　　　⑦　3.5　　　⑧　4.0

問2　この正弦波の周期を T〔s〕とするとき，x 軸上の原点 O における変位 y〔m〕と時刻 t〔s〕の関係を表すグラフを選べ。　　2

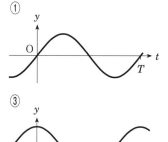

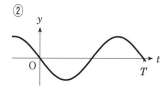

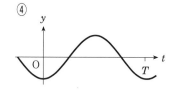

B-40 波の反射

振幅 A，周期 T，波長 $4L$ の正弦波が，x 軸の正方向に伝わり，$x=$ $6L$ の位置の壁で反射されている。図は，時刻 $t=0$ における入射波の波形（変位 y と位置 x のグラフ）を示したもので，反射波の波形は描かれていない。反射において，振幅の減衰はないものとする。

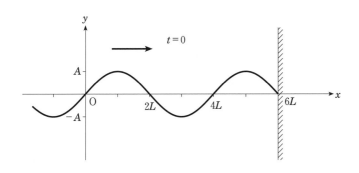

〔Ⅰ〕 壁での反射が自由端型の場合。

問1 次の時刻における，反射波の波形はどれか。

$t=0$ 　 1 　　　 $t=\dfrac{1}{8}T$ 　 2

（選択肢は次頁）

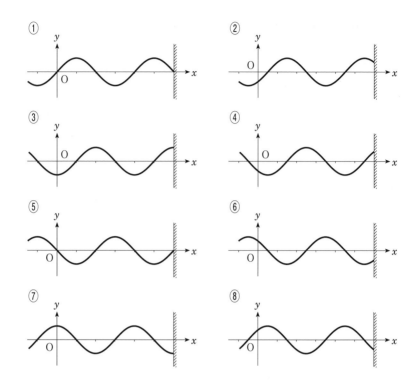

① ② ③ ④ ⑤ ⑥ ⑦ ⑧

〔Ⅱ〕 壁での反射が固定端型の場合

問2 次の時刻における，反射波の波形はどれか。

$t = 0$ 　**3**　　　$t = \dfrac{1}{8} T$ 　**4**

（選択肢は**問1**と共通）

A－41　波の重ね合わせ

　図は，x 軸上を全く同じ正弦波が互いに逆向きに伝わっている状態を示したものである。実線の波形は x 軸の正方向に進む波の変位 y と位置 x の関係を表したものである。破線の波形は x 軸の負方向に進む波の変位 y と位置 x の関係を表したものである。ともに時刻 $t=0$ の波形である。

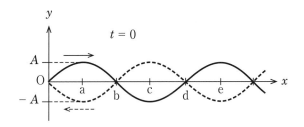

問　この波の周期を T とする。以下の時刻における合成波の波形を選べ。

$t=0$: ［ **1** ］　　　$t=\dfrac{1}{4}T$: ［ **2** ］　　　$t=\dfrac{1}{2}T$: ［ **3** ］

　　（選択肢は次頁）

①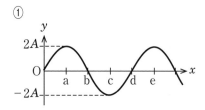

②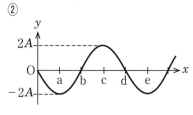

③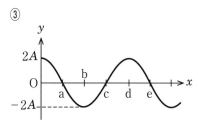

④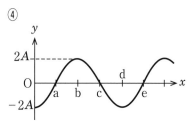

⑤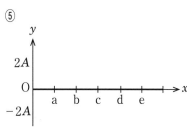

A－42 定常波

全く同じ正弦波が互いに反対の向きに同じ速さで進んでいる。次図(ア), (イ)はある瞬間における右に進む波(実線)と左に進む波(点線)の波形を表したものである。定常波の腹ができる位置を A〜H, あるいは a〜h からそれぞれ求めよ。

(ア)の腹の位置： 1   (イ)の腹の位置： 2

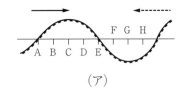

（ア）

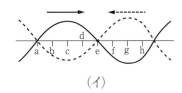

（イ）

1 の選択肢

① Aのみ　② Cのみ　③ Eのみ　④ Gのみ

⑤ AとE　⑥ CとG　⑦ AとG　⑧ AとCとEとG

2 の選択肢

① aのみ　② cのみ　③ eのみ　④ gのみ

⑤ aとe　⑥ cとg　⑦ aとg　⑧ aとcとeとg

§2 音波

A−43 音の特性

音波に関する各問いに答えよ。

問 次の文章中の ア ～ ウ に入る語句の組合せとして最も適当なものを選べ。 1

空気中を伝わる音波は縦波であり, ア 波ともいう。音の高低は イ で決まり, イ が 20000 Hz 以上の音波は, 人の耳で聞くことができない。この音波が ウ である。

	ア	イ	ウ
①	疎密	振幅	超音波
②	疎密	振幅	光
③	疎密	振動数	超音波
④	疎密	振動数	光
⑤	正弦	振幅	超音波
⑥	正弦	振幅	光
⑦	正弦	振動数	超音波
⑧	正弦	振動数	光

A－44　音波の基本

音波に関する次の問いに答えよ。

問1　振動数 300 Hz の音波の波長は，気温が 10 ℃ 上昇すると，何 m 長くなるか。ただし，気温が t〔℃〕のときの音速 V〔m/s〕は，次のようになる。

$$V = 331.5 + 0.6\,t$$

　　　　　　　1　m

①　0.01　　　②　0.02　　　③　0.03　　　④　0.04

問2　おんさ X を振動数 800 Hz のおんさ Y と同時にならすと，1 秒間に 2 回のうなりが聞こえた。おんさ Y の枝に針金を巻いて，再び同時にならすと，うなりが聞こえなくなった。おんさ X の振動数は何 Hz か。　2　Hz

①　798　　　②　800　　　③　802　　　④　804

問3　音をよく反射する壁に向かって，スピーカーから振動数 f の音を出す。壁とスピーカーとの間では音が大きく聞こえる所と音が小さく聞こえる所がいくつかできる。音が大きく聞こえる所と小さく聞こえる所の間隔はいくらか。ただし，音速を V とする。

　　　　　3

①　$\dfrac{V}{f}$　　　②　$\dfrac{V}{2f}$　　　③　$\dfrac{V}{4f}$　　　④　$\dfrac{V}{8f}$

A－45　弦の振動

　図のように，距離 40 cm だけ隔てた弦上の 2 点 A，B を 2 個のこま
で支え，弦を強く張り，弦の中央付近をはじくと，振動数 400 Hz の音
が出た。このとき，弦には腹が 1 個の定常波が生じている。

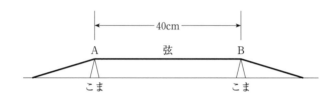

問1　この弦を伝わる横波の速さはいくらか。　| 1 |　m/s

　① 160　　　② 320　　　③ 480　　　④ 500

問2　次に，この弦の中央付近に指を接触させながら弦をはじき，指
をすばやく弦から離すと，弦には腹が 2 個の定常波が生じた。こ
のとき弦から出る音の振動数はいくらか。　| 2 |　Hz

　① 100　　　② 200　　　③ 400　　　④ 800

B－46　気柱の共鳴

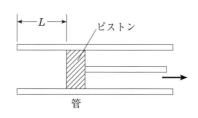

　振動数を変えられる音源と管を図のように配置する。管は，ピストンによって，気柱の長さ L を変えられるようにしてある。開口端補正は無視でき，音速を 340.0 m/s とする。音源の振動数を f_0 に保ち，気柱の長さを $L = 0$ からゆっくりと変える。ピストンがある位置にきたとき，気柱の最初の共鳴が起こり，その位置から 0.200 m だけピストンが右にきて，$L = L_0$ のとき，2 回目の共鳴が起こった。

問1　f_0 はいくらか。$f_0 = \boxed{}$ Hz

① 6.80×10^1　② 1.02×10^2　③ 1.36×10^2　④ 2.72×10^2

⑤ 4.25×10^2　⑥ 8.50×10^2　⑦ 1.13×10^3　⑧ 1.70×10^3

問2　$L = L_0$ のとき，管口付近の空気の様子はどのようになっているか。$\boxed{2}$

① 激しく振動し，密度変化も大きい。

② 激しく振動しているが，密度変化は小さい。

③ 振動は小さく，密度変化も小さい。

④ 振動は小さいが，密度変化は大きい。

第3章

電　　　　　気

(11題)

§1　電気と電流

A−47　箔検電器

次の会話文中の空欄を埋めよ。

先生：図のように，箔検電器は金属でできた円板部分と棒と箔からできており，それらが絶縁されたガラスケースに入れられたものです。帯電していない箔検電器の箔は閉じていますが，円板部分に負に帯電している棒を近づけると，箔が開きます。

このとき，円板部分の帯電状態は　1　，箔の部分の帯電状態は　2　です。この現象は負に帯電した棒を近づけることにより，電子が円板から箔に向かって移動したと考えられます。ところで，はじめに

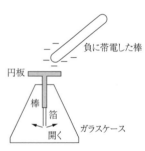

箔検電器を帯電していない状態にする方法を一つ挙げてください。

生徒：はい。　3　ます。

先生：そうですね。

　1　・　2　の選択肢

① 正　　　　② 負　　　③ プラスマイナスゼロ

　3　の選択肢

① ガラスケースをこすり　② ガラスケースに触れ

③ 円板部分に触れ

A－48　電子と電流

電子と電流に関する各問いに答えよ。

問1　銅線に電流が流れているときについて，最も適当な記述を選べ。
　　　 1

① 銅線中を，電流と同じ向きに正に帯電した電子が移動している。

② 銅線中を，電流と同じ向きに負に帯電した電子が移動している。

③ 銅線中を，電流と逆向きに正に帯電した電子が移動している。

④ 銅線中を，電流と逆向きに負に帯電した電子が移動している。

問2　電子のもつ電気量の大きさを 1.6×10^{-19} C とする。強さ 4.8 A の電流が銅線を流れているとき，銅線中を移動する電子について，最も適当なものを選べ。 2

① 銅線の体積 $1\,\mathrm{m}^3$ につき 3.0×10^{19} 個の電子が銅線に沿って運動している。

② 毎秒 3.0×10^{19} 個の電子が銅線に沿って距離 $1\,\mathrm{m}$ を通過している。

③ 銅線の断面 $1\,\mathrm{m}^2$ あたりに毎秒 3.0×10^{19} 個の電子が通過している。

④ 銅線の任意の断面を毎秒 3.0×10^{19} 個の電子が通過している。

A−49 合成抵抗

次の回路 **a**.〜**c**.について，AB 間の合成抵抗を求めよ。

a.

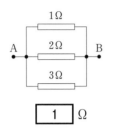

$\boxed{1}$ Ω

b.

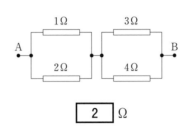

$\boxed{2}$ Ω

c.

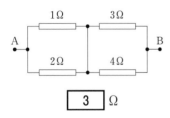

$\boxed{3}$ Ω

解答群

① 0.55 ② 1.3 ③ 2.4 ④ 3.5 ⑤ 4.2

A-50　抵抗率

円形断面の電気抵抗をある材質 X でつくる。次表はその断面の半径と長さ，抵抗値である。

	半径〔mm〕	長さ〔cm〕	抵抗値〔Ω〕
抵抗 A	1.0	20	20
抵抗 B	2.0	20	ア
抵抗 C	3.0	イ	10

問 上の表における ア ・ イ に入る数値の組合せを選べ。 1

	ア	イ
①	5.0	30
②	5.0	90
③	10	30
④	10	90
⑤	40	30
⑥	40	90

B-51 回路の電圧と電流

抵抗値が8Ω，20Ωおよび30Ωの抵抗と電圧が40Vの電池で図の回路をつくる。

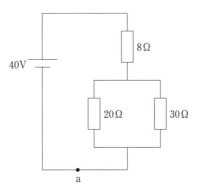

問1　20Ωの抵抗を流れる電流の強さをI_1，30Ωの抵抗を流れる電流の強さをI_2とする。このとき，$\dfrac{I_1}{I_2}$はいくらか。$\dfrac{I_1}{I_2} =$ ☐ 1

① 1　　　② $\dfrac{2}{3}$　　　③ $\dfrac{3}{2}$

問2　20Ωの抵抗にかかる電圧をV_1〔V〕，30Ωの抵抗にかかる電圧をV_2〔V〕，8Ωの抵抗にかかる電圧をV_3〔V〕とする。V_1，V_2，V_3の関係式を選べ。☐ 2

① $V_1 + V_2 + V_3 = 40$, $\dfrac{V_1}{V_2} = \dfrac{2}{3}$　　② $V_1 + V_2 + V_3 = 40$, $\dfrac{V_1}{V_2} = \dfrac{3}{2}$

③ $V_1 + V_2 + V_3 = 40$, $V_1 = V_2$　　④ $V_1 + V_3 = 40$, $V_1 = V_2$

B－52　消費電力

電気エネルギーに関する各問いに答えよ。

問1　ある電球に 100 V の電圧をかけたところ，消費電力が 60 W であった。このとき，電球に流れる電流は何 A か。$\boxed{1}$ A

① 0.13　　② 0.33　　③ 0.45　　④ 0.60

⑤ 0.89　　⑥ 1.3　　⑦ 3.3　　⑧ 4.5

また，この電球の抵抗値は何 Ω か。$\boxed{2}$ Ω

① 0.33　　② 17　　③ 33　　④ 44

⑤ 60　　⑥ 88　　⑦ 133　　⑧ 167

問2　電力および電力量の単位を選べ。

電力：$\boxed{3}$　　電力量：$\boxed{4}$

① $kg \cdot m^2/s^2$　② $kg \cdot m^2/s^3$　③ $kg \cdot m^3/s^2$　④ $kg/(m \cdot s^2)$

問3　100 kWh は何 J か。$\boxed{5}$ $\times 10^8$ J

① 1.7　　② 3.6　　③ 14　　④ 24

B−53　電球

　下のグラフは，電球 X にかける電圧を 0 V から徐々に大きくして
いくときに流れる電流を表したものである。

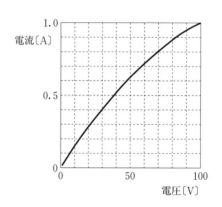

問1　電球に 70 V の電圧をかけたとき，電球の抵抗値はいくらにな
るか。　$\boxed{1}$　Ω

　　① 56　　　　② 70　　　　③ 88　　　　④ 110

問2　同じ電球 X を 2 個直列に接続し，全体に 60 V の電圧をかける。
電球 X 1 個の消費電力はいくらになるか。　$\boxed{2}$　W

　　① 9　　　　② 12　　　　③ 36　　　　④ 60

§2 磁気と交流，原子

A−54 電流と磁石

図のように，コイルの軸に中心を一致させた棒磁石が，N極をコイルに向けて置いてある。

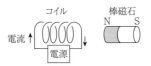

図の矢印の向きに電流をコイルに流す。このとき，棒磁石は左向きに力を受けた。

問1 このときコイルが磁石から受ける力はどのようになるか。

| 1 |

① 右向きの力を受ける　② 左向きの力を受ける

③ 力は受けない

問2 図の矢印と反対の向きに電流をコイルに流す。このとき，棒磁石が受ける力はどのようになるか。| 2 |

① 右向きの力を受ける　② 左向きの力を受ける

問3 棒磁石が受ける力を大きくするにはどのようにすればよいか。

| 3 |

① コイルに流れる電流を強くする。

② 電流の強さはそのままで，コイルの巻数を減らす。

③ 磁石のN極とS極を入れ替える。

A−55　電磁誘導

　図のように，コイルの軸に中心を一致させた棒磁石が，N極をコイルに向けて置いてある。

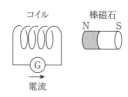

　棒磁石を勢いよくコイルに近づけると，図の矢印の向きに検流計Gに電流が流れた。

問1　検流計Gに流れる電流を強くするにはどのようにすればよいか。　　 1 　
① 　コイルの巻数を減らす。
② 　棒磁石を近づける速さを大きくする。
③ 　S極をコイルに向けて棒磁石を勢いよく近づける。

問2　図の矢印と反対の向きに検流計Gに電流を流すにはどのようにすればよいか。　　 2 　
① 　棒磁石を勢いよく遠ざける。
② 　棒磁石を固定し，コイルを棒磁石に近づける。
③ 　S極をコイルに向け，棒磁石を勢いよく遠ざける。

問3　コイルと棒磁石の間にはたらく力はどのようになるか。　　 3 　
① 　コイルと棒磁石を近づけるときは互いに反発力が生じ，コイルと棒磁石を遠ざけるときは互いに引きあう力が生じる。
② 　コイルと棒磁石を近づけるときも遠ざけるときも互いに引きあう力が生じる。
③ 　コイルと棒磁石を近づけるときも遠ざけるときも互いに反発力が生じる。

A −56　交流

電気に関する各問いに答えよ。

問1　家庭で使われる電気の電圧は 100 V か 200 V であるが，途中の
送電線では非常に高い電圧になっている。その理由として最も適
当な記述を選べ。　1

① 電圧を大きくすると送電線の電気抵抗が小さくなり，電力の
損失が小さくなるから。

② 電圧を大きくすると送電線に流れる電流が小さくなり，電力
の損失が小さくなるから。

③ 民家の近くでの落雷を避けるため。

④ 電圧を大きくすると，電線に小鳥が止まることが少ないから。

問2　一次コイルの巻数が 200 で，二次コイルの巻数が 400 の変圧器
がある。周波数 50 Hz，電圧 100 V の交流電源を一次コイルに接
続する。二次コイルに現れる交流の周波数と電圧はどのようにな
るか。　2

① 周波数 100 Hz，電圧 100 V　② 周波数 50 Hz，電圧 200 V

③ 周波数 25 Hz，電圧 100 V　④ 周波数 50 Hz，電圧 50 V

A－57　原子のエネルギー

次の問いに答えよ。

問1　以下の文中の空欄に入れる言葉を選べ。

　　　原子核は陽子と中性子からなっている。陽子の数を　$\boxed{1}$　といい，陽子の数と中性子の数の和を　$\boxed{2}$　という。陽子の数が同じで中性子の数が異なる原子があり，それらを　$\boxed{3}$　という。

　　　ウランやプルトニウムに中性子が衝突すると，原子核が2～3個に分かれる場合がある。この現象を　$\boxed{4}$　という。$\boxed{4}$　にともなって膨大なエネルギーが生まれる。

① 　核融合　　② 　核分裂　　③ 　原子番号　　④ 　質量数

⑤ 　連鎖反応　　⑥ 　同位体　　⑦ 　核子　　　⑧ 　分子

問2　以下の文中の空欄に入れる言葉を選べ。

　　　原子核が放射線（エネルギーの大きい粒子や電磁波）を出しながら，自然に別の原子に変わっていくことを放射性崩壊という。放射線の強さは次のような単位で表すことができる。

　　　1ベクレルとは，原子核が毎秒1個の割合で放射性崩壊するときの強さである。

　　　1グレイとは，放射線から吸収するエネルギーが，物質1kgあたり1Jであるときの強さであり，$\boxed{5}$ と呼ばれる。

　　　1シーベルトとは，放射線の種類により人体への影響が異なるため，それらの違いを考慮した係数を $\boxed{5}$ にかけたもので，$\boxed{6}$ と呼ばれる。

① 　α線　　　　　② 　放射性同位体　　　③ 　等価線量

④ 　吸収線量

マーク式
基礎問題集
物理基礎

解答・解説編　三訂版

河合出版

第1章　力と運動

A − 1

解答　　1 − ③　　　2 − ④　　　3 − ③

解説

問1　時刻 $t = 5.5\,\text{s}$ から $t = 6.0\,\text{s}$ の間の平均の速度 $\overline{v_1}\,[\text{m/s}]$ は，

$$\overline{v_1} = \frac{4.0 - 2.0}{6.0 - 5.5} = \underline{4.0}\,\text{m/s}$$

問2　時刻 $t = 6.0\,\text{s}$ から $t = 6.5\,\text{s}$ の間の平均の速度 $\overline{v_2}\,[\text{m/s}]$ は，

$$\overline{v_2} = \frac{8.0 - 4.0}{6.5 - 6.0} = \underline{8.0}\,\text{m/s}$$

問3　時刻 $t = 5.75\,\text{s}$ から $t = 6.25\,\text{s}$ の間の平均の加速度 $\overline{a}\,[\text{m/s}^2]$ は，

$$\overline{a} = \frac{8.0 - 4.0}{6.25 - 5.75} = \underline{8.0}\,\text{m/s}^2$$

A − 2

解答　　1 − ②　　　2 − ④

解説

問1　動き出してから50秒間で800 m 移動している。その間の平均の速度の大きさ $\overline{v}$ は，

$$\overline{v} = \frac{800}{50} = \underline{16}\,\text{m/s}$$

問2　瞬間の速度は，距離−時間グラフの傾きに等しい。したがって，速度の最大値 v_{max} は，グラフの傾きの最大値に等しい。時間が10 s から40 s の間の傾きが一番大きいので，

$$v_{\text{max}} = \frac{700 - 100}{40 - 10} = \underline{20}\,\text{m/s}$$

A − 3

解答　　1 − ②　　　2 − ⑥

解説

問1 右向きを正方向とし，時間 Δt の間の速度変化を Δv とする。加速度 a_1 は，

$$a_1 = \frac{\Delta v}{\Delta t} = \frac{2-5}{2} = -1.5\,\text{m/s}^2$$

加速度の向きは<u>左向き</u>$_イ$，大きさは<u>$1.5\,\text{m/s}^2$</u>$_ア$である。

問2 前問と同様に考える。右向きを正方向とする。時間 Δt の間の速度変化を Δv とすると，加速度 a_2 は，

$$a_2 = \frac{\Delta v}{\Delta t} = \frac{-2-5}{2} = -3.5\,\text{m/s}^2$$

加速度の向きは<u>左向き</u>$_イ$，大きさは<u>$3.5\,\text{m/s}^2$</u>$_ア$である。

B － 4

解答 1 －②　 2 －③　 3 －①

解説

v–t グラフを次の図1のように実線の部分と点線の部分に分け，右向きを正方向として，運動のおおよその様子を図2に描く。

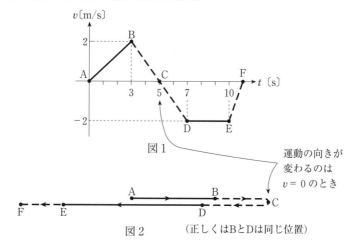

図1

運動の向きが
変わるのは
$v = 0$ のとき

図2　（正しくはBとDは同じ位置）

問1 $t = 2.0\,\text{s}$ における物体の加速度は，図1の v–t グラフにおいて，直線 AB の傾きに等しい。

$$\therefore \quad a = \frac{2.0}{3.0} \fallingdotseq \underline{0.67}\, \mathrm{m/s^2}$$

問2, 3 v–t グラフにおいて，グラフと t 軸が囲む部分の面積は，その間の移動距離を表す。グラフが $v<0$ のときの面積は，負の方向への移動距離を表している。

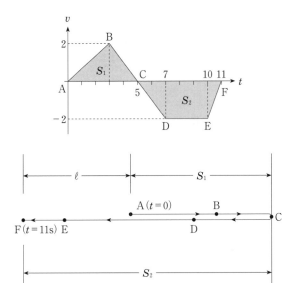

AC 間の距離 S_1 は v–t グラフの三角形 ABC の面積に等しい。

$$\therefore \quad S_1 = \frac{1}{2} \times 5.0 \times 2.0 = \underline{5.0}_{\text{問2}}\, \mathrm{m}$$

CF 間の距離 S_2 は v–t グラフの台形 CDEF の面積に等しい。

$$\therefore \quad S_2 = \frac{1}{2}\{(11.0-5.0)+(10.0-7.0)\} \times 2 = 9.0\, \mathrm{m}$$

したがって，AF 間の距離 ℓ は，

$$\ell = S_2 - S_1 = 9.0 - 5.0 = \underline{4.0}_{\text{問3}}\, \mathrm{m}$$

A－5
解答　　1 －③　　2 －③　　3 －①

解説

問1 等加速度直線運動の速度の式より,

$$v = 5 + 2 \times 3 = \underline{11}\,\text{m/s}$$

問2 等加速度直線運動の位置の式より,

$$x = 5 \times 3 + \frac{1}{2} \times 2 \times 3^2 = \underline{24}\,\text{m}$$

問3 等加速度直線運動の時刻を含まない式より,

$$v^2 - 5^2 = 2 \times 2 \times 36 \qquad \therefore \quad v = \underline{13}\,\text{m/s}$$

A－6

解答　　　1 －①　　2 －①　　3 －③

解説

問1 等加速度直線運動の速度の式より,

$$v_1 = 16 - 4 \times 3 = \underline{4}\,\text{m/s}$$

問2 物体の位置が最大になるとき,物体の速度は0であるから,

$$0 = 16 - 4t \qquad \therefore \quad t = \underline{4}\,\text{s}$$

問3 等加速度直線運動では,同じ位置の速さは同じになる。

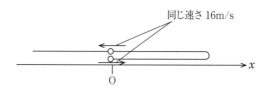

同じ速さ 16m/s

速度の向きは負になるので,

$$v_2 = \underline{-16}\,\text{m/s}$$

A－7

解答　　　1 －①　　2 －②

問1 x軸上の速度を記号vで表す。物体Aの速度は$v_A=3\,\mathrm{m/s}$，物体Bの速度は$v_B=5\,\mathrm{m/s}$である。Aに対するBの相対速度vは，

$$v=v_B-v_A=5-3=2\,\mathrm{m/s}$$

したがって，Aに対するBの相対速度の大きさは$\underline{2\,\mathrm{m/s}}_{\mathcal{P}}$で，その向きは$v>0$なので$\underline{x\text{軸の正方向}}_{\mathcal{A}}$である。

問2 Bに対するAの相対速度v'は，

$$v'=v_A-v_B=-v=-2\,\mathrm{m/s}$$

したがって，相対速度の大きさは$\underline{2\,\mathrm{m/s}}_{\mathcal{\dot{}}}$で，その向きは$v'<0$なので$\underline{x\text{軸}}$ $\underline{\text{の負方向}}_{\mathcal{I}}$である。

> **ADVICE** 速度は$\vec{v}$あるいはv？
>
> 一直線上の運動では，速度$\vec{v}$や加速度$\vec{a}$は文字の上の矢印をとり，vやaで表すことができる。その場合，向きは正，負の符号で区別する。
>
> 〈例〉 右向きを正とするとき
>
> $v=+5\,\mathrm{m/s}$……右向きに，速さ$5\,\mathrm{m/s}$
>
> $v=-7\,\mathrm{m/s}$……左向きに，速さ$7\,\mathrm{m/s}$

相対速度の公式

$$v_{AB}=v_B-v_A \qquad \text{Aに対するBの相対速度}$$

B－8

$\boxed{1}$ －③ $\boxed{2}$ －⑤ $\boxed{3}$ －⑤

問1 等加速度直線運動の式$v=v_0+at$に，$v_0=-3\,\mathrm{m/s}$，$a=-4\,\mathrm{m/s^2}$，$t=3\,\mathrm{s}$を代入する。

$$v=-3-4\times3=\underline{-15}\,\mathrm{m/s}$$

問2 等加速度直線運動の式 $x = v_0 t + \dfrac{1}{2}at^2$ は時刻 $t = 0$ における位置が $x = 0$ の場合の公式である。$t = 0$ における位置が $x = x_0$ の場合は $x = x_0 + v_0 t + \dfrac{1}{2}at^2$ となる。この式と問題の式を比較する。

$$x_0 + v_0 t + \frac{1}{2}at^2 = 10 + 4t + 4t^2$$

これより，$x_0 = 10$ m，$v_0 = 4$ m/s，$a = \underline{8}$ m/s^2 であることがわかる。

問3 等加速度直線運動の式 $v = v_0 + at$ を用い，$t = 1$ s における A の速度 v_A と B の速度 v_B を求める。

$$v_A = -3 - 4 \times 1 = -7 \text{ m/s} \qquad v_B = 4 + 8 \times 1 = 12 \text{ m/s}$$

したがって，A に対する B の相対速度 v_{AB} は，

$$v_{AB} = v_B - v_A = 12 - (-7) = \underline{19} \text{ m/s}$$

A－9

解答　　$\boxed{1}$ －④　　$\boxed{2}$ －④　　$\boxed{3}$ －②

解説

問1 自由落下の式 $h = \dfrac{1}{2}gt^2$ と $v = gt$ を用いる。

$$h = \frac{1}{2} \times 9.8 \times 2.0^2 = \underline{19.6} \text{ m}$$

$$v = 9.8 \times 2.0 = \underline{19.6} \text{ m/s}$$

問2 問1で用いた自由落下の式から t を消去した式 $v = \sqrt{2gh}$ を用いる。

$$v = \sqrt{2 \times 9.8 \times 4.9} = \underline{9.8} \text{ m/s}$$

A－10

解答　　$\boxed{1}$ －②　　$\boxed{2}$ －①

解説

問1 まず，等加速度直線運動の公式を利用するため，座標軸 x を決める。ここでは鉛直上向きを正とし，小球を投げ出した位置を原点とする。

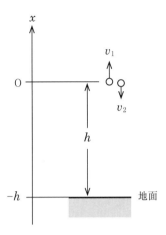

この座標軸では，地面の位置は $x = -h$ である。小球1については，初速度が v_1 で，加速度は $-g$ である。したがって，

$$-h = v_1 t_1 + \frac{1}{2}(-g)t_1^2$$
$$\therefore \quad \underline{h = -v_1 t_1 + \frac{1}{2}gt_1^2}$$

問2 小球2については，初速度が $-v_2$ で，加速度は $-g$ である。したがって，

$$-h = -v_2 t_2 + \frac{1}{2}(-g)t_2^2$$
$$\therefore \quad \underline{h = v_2 t_2 + \frac{1}{2}gt_2^2}$$

B−11

解答　　$\boxed{1}$ −②　　$\boxed{2}$ −①

解説

問1　t 秒後の Q の高さ h_Q は，重力加速度の大きさを g とすると，

$$h_Q = 60 - \left(20t + \frac{1}{2}gt^2\right) = 60 - 20t - \frac{1}{2}gt^2$$

t 秒後の P の高さ h_P は，

$$h_P = 10t - \frac{1}{2}gt^2$$

P と Q が衝突するとき，それらの高さは等しいから，$h_Q = h_P$ である。

$$60 - 20t - \frac{1}{2}gt^2 = 10t - \frac{1}{2}gt^2 \qquad \therefore \quad t = \underline{2.0} \text{ 秒後}$$

問2 2.0 秒後の P の高さを求める。

$$h_P = 10t - \frac{1}{2}gt^2 = 10 \times 2.0 - \frac{1}{2} \times 9.8 \times 2.0^2 = \underline{0.4} \text{ m}$$

A－12

解答   －②   －①    －④   4 －②

解説

（Ⅰ）　力のつりあいは図2$_1$，図1$_2$ は力を受けている物体が異なるのでつり合いではない。正しくは作用と反作用の関係にある。

（Ⅱ）　壁は棒Cが受ける力がつりあうだけの力を出すので，出す力の大きさは$\underline{2f}_3$で，向きは$\underline{\text{左向き}}_3$である。壁は自発的には力を出さない，棒Cを押す$2f$の力に抗（あらが）う力を出すので，$\underline{\text{抗力}}_4$という。

A－13

解答   1 －①   2 －③   3 －④   4 －⑤

解説

問　$\vec{F_1}$ は人が糸を引く力なので，$\underline{\text{人}}_1$ が及ぼし，$\underline{\text{糸}}_1$ が受ける力である。

　　$\vec{F_2}$ は $\vec{F_1}$ の反作用であり，糸が人を引く力なので，$\underline{\text{糸}}_2$ が及ぼし，$\underline{\text{人}}_2$ が受ける力である。

　　$\vec{F_3}$ は糸が壁を引く力なので，$\underline{\text{糸}}_3$ が及ぼし，$\underline{\text{壁}}_3$ が受ける力である。

　　$\vec{F_4}$ は $\vec{F_3}$ の反作用であり，壁が糸を引く力なので，$\underline{\text{壁}}_4$ が及ぼし，$\underline{\text{糸}}_4$ が受ける力である。

A－14

解答   1 －①   2 －⑤   3 －②   4 －⑦

問　静止摩擦力は外力とつりあうだけの大きさになるので，<u>10 N</u>₁ である。垂直抗力の大きさは重力とつりあう大きさなので，<u>50 N</u>₂ である。直方体が動き出す直前における静止摩擦力は最大摩擦力である。静止摩擦係数が0.4なので，最大摩擦力は0.4×50＝20 N である。したがって，直方体が動く直前の外力の大きさも <u>20 N</u>₃ である。

　　最大摩擦力が48 N 以上であれば動きださない。垂直抗力の大きさを R とすると，

$$0.4R > 48 \qquad \therefore R > 120\,\mathrm{N}$$

　　すなわち，全体の重さが120 N 以上になればよいので，上にのせる物体の重さは，120－50＝<u>70 N</u>₄ 以上である。

A－15

　　<u>1</u> － ②　　<u>2</u> － ②

問1，2　ばねが受ける力を図示すると，下図のようになる。

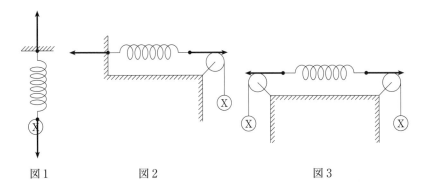

図1　　　　　　　図2　　　　　　　　　　図3

　　ばねもひとつの物体であるから，伸び，縮みとは別に，受ける力がつりあって，静止している。図1〜図3の場合，これらの力はすべて等しく，W である。したがって，ばねの伸びもすべて等しく，ℓ になる。図3のように，おもりが2個になっても，おもりが1個の場合と同じ伸びになる。

B−16

解答　　□1□−②　　□2□−④

解説

問1　円柱の上面が水から受ける力と下面が水から受ける力の合力が浮力である。したがって，上面や下面が受ける力に浮力を加えて考えてはいけない。②の「重力，糸の張力，**浮力，上面が水から受ける力，下面が水から受ける力**が作用し，これらがつりあっている。」は誤りである。

問2　浮力を考えて力のつりあいを式で表す。糸の張力の大きさを T とすると，
$$T + f = mg \qquad \therefore \quad T = \underline{mg - f}$$

B−17

解答　　□1□−①　　□2□−③

解説

問1　円筒容器内部の空気の圧力を P とする。図のように，円筒容器の底（上）面の外側には大気から大きさ P_0S の力が鉛直下向きにはたらき，円筒容器の底（上）面の内側には内部の空気から大きさ PS の力が鉛直上向きにはたらく。

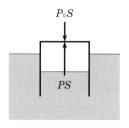

円筒容器の重力を含めこれらの力のつりあい式を立てると，
$$PS = P_0S + mg \qquad \therefore \quad P = \underline{P_0 + \frac{mg}{S}}$$

問2　つながった液体中では同じ深さの圧力が等しいので，水面下の点 <u>c</u> における圧力が円筒容器内の空気の圧力 P に等しい。

B－18

解答　　1 －②　　2 －①

解説

問1　小物体が受ける力を作図し，重力を分解すると次図のようになる。

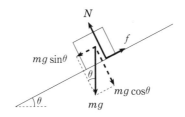

垂直抗力の大きさ N は，斜面に垂直な方向の力のつりあいより，

$$N = \underline{mg\cos\theta}$$

静止摩擦力の大きさ f は斜面方向の力のつりあいより，

$$f = \underline{mg\sin\theta}$$

問2　$\theta = \theta_1$ のときの静止摩擦力の値が最大摩擦力の値である。

$$mg\sin\theta_1 = \mu_0 mg\cos\theta_1 \qquad \therefore \quad \mu_0 = \underline{\tan\theta_1}$$

B－19

解答　　1 －②

解説

　ばね C の右端を右に距離 L だけ変位させたとき，ばね A と B が ℓ だけ伸びたとする。

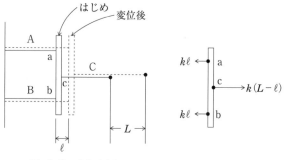

ばねを線で表した図

　この図より，ばねＣの伸びは $L-\ell$ である。したがって，ばね定数を k とすると，棒がばねＡとＢから受ける力の大きさはともに $k\ell$ であり，ばねＣから受ける力の大きさは $k(L-\ell)$ である。

　力のつりあいより，

$$2k\ell = k(L-\ell) \qquad \therefore \ \ell = \frac{1}{3}L$$

A－20

解答　　$\boxed{1}$－②　　$\boxed{2}$－④　　$\boxed{3}$－④

解説

問1　加速度の大きさを a とする。運動方程式より，

$$5.0\,a = 25 \qquad \therefore a = \underline{5.0}\,\text{m/s}^2$$

問2　合力の大きさを f とする。運動方程式より，

$$4.0 \times 12 = f \qquad \therefore f = \underline{48}\,\text{N}$$

問3　進む力というものは存在しない。投げる力は投げる瞬間だけ作用し，物体にはたらきつづけることはない。最高点に達しても重力ははたらき続ける。したがって，正しいのは④である。

A－21

解答　　$\boxed{1}$－④　　$\boxed{2}$－②　　$\boxed{3}$－⑦

問1　Pが受ける力の合力は鉛直上向きに $F - mg$ である。加速度の大きさを a とすると，運動方程式より，

$$ma = F - mg \qquad \therefore \quad a = \frac{F}{m} - g \ [\mathrm{m/s^2}]$$

問2　重力を斜面に垂直な方向の成分と斜面に沿った方向の成分に分解する。斜面に垂直な方向の成分は $mg \cos\theta$ であり，斜面に沿った方向の成分は $mg \sin\theta$ である。Pが斜面から受ける垂直抗力の大きさを N とする。

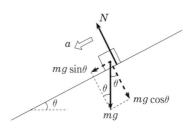

斜面に垂直な方向の力はつりあうので，

$$N = mg \cos\theta \ [\mathrm{N}]$$

斜面に沿った方向については，運動方程式が成立する。加速度の大きさを a とすると，

$$ma = mg \sin\theta \qquad \therefore \quad a = g \sin\theta \ [\mathrm{m/s^2}]$$

A－22

解答　　 1 －②　　 2 －③　　 3 －④　　 4 －④

解説

問1　Aの運動方程式は，

$$ma = T - mg$$

問2　Bの運動方程式は，

$$Ma = -T + Mg$$

問3　2式より，

$$a = \frac{M - m}{M + m}g = \frac{3m - m}{3m + m}g = \frac{1}{2}g$$

$$T = \frac{2Mm}{M + m}g = \frac{2 \times 3m \times m}{3m + m}g = \frac{3}{2}mg$$

A－23

解答　[1]－④

解説

問　小物体は斜面から大きさ $mg\cos\theta$ の垂直抗力 N を受ける。この力の反作用を三角柱が受ける。

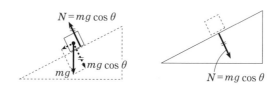

　　したがって，「斜面に垂直で，斜め下向きに大きさ $mg\cos\theta$ の力だけを受けている。」が正解である。なお，小物体の重力 mg は三角柱にはたらかない。

A－24

解答　[1]－③　　[2]－④

解説

問1　A，B を1個の物体と見なす。この物体の質量は $m+M$ なので，加速度の大きさを α として運動方程式を立てると，

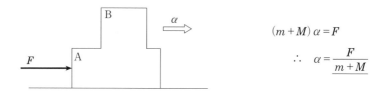

$$(m+M)\,\alpha = F$$
$$\therefore\ \ \alpha = \frac{F}{m+M}$$

問2　B が A から受ける水平方向の力は，右向きの静止摩擦力である。面の凹凸によって摩擦が生じるものと考えると，A の上面が B の下面を右に押すことになる。この押す力が静止摩擦力であり，この力で B が右に運ばれると考える。

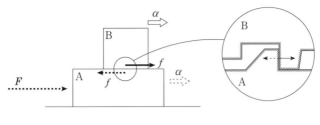

f … 静止摩擦力

A－25

解答　　$\boxed{1}$ －④　　　$\boxed{2}$ －③

問1　はじめの物体の位置エネルギー mgh は，

$$mgh = 10 \times 9.8 \times 5 \fallingdotseq \underline{5 \times 10^{2}}_{\ア}\,\mathrm{J}$$

力学的エネルギー保存則を考え，エネルギーの値を図に書き入れると，

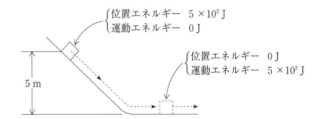

位置エネルギー　5×10^{2} J
運動エネルギー　0 J

位置エネルギー　0 J
運動エネルギー　5×10^{2} J

5 m

　　上図のように，水平面での物体の運動エネルギーの値は，はじめの位置エネルギーの値に等しい。

$$\underline{5 \times 10^{2}}_{\イ}\,\mathrm{J}$$

問2　水平面での運動エネルギーは斜面の傾きにかかわらず 5×10^{2} J なので，水平面での速さは<u>傾きによらず同じ値である</u>。

A－26

解答　　$\boxed{1}$ －③

解説

問 点 P でのばねの弾性エネルギーは $\frac{1}{2}kA^2$, P から距離 x の位置でのばねの弾性エネルギーは $\frac{1}{2}k(A-x)^2$ である。力学的エネルギー保存則より,

$$\frac{1}{2}kA^2 = \frac{1}{2}mv^2 + \frac{1}{2}k(A-x)^2$$

A－27

【解答】

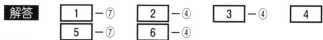

| 1 |－⑦| 2 |－④| 3 |－④| 4 |－③|
| 5 |－⑦| 6 |－④|

【解説】

仕事を計算するひとつの方法として，力の向きから考える場合は，（力の大きさ）×（力の向きへの変位）となる。外力の場合,

$$80\text{N} \times 2\text{m} = \underline{160}_1 \text{ J}$$

重力の場合,

$$50\text{N} \times 0\text{m} = \underline{0}_2 \text{ J}$$

垂直抗力の場合,

$$50\text{N} \times 0\text{m} = \underline{0}_3 \text{ J}$$

動摩擦力の場合,

$$30\text{N} \times (-2)\text{m} = \underline{-60}_4 \text{ J}$$

仕事を計算するもうひとつの方法として，変位の向きから考える場合は，（変位の向きへの力の成分）×（変位）となる。外力の場合,

$$100\cos 30°\text{ N} \times 4\text{m} \fallingdotseq \underline{346}_5 \text{ J}$$

重力の場合,

$$(-50\sin 30°\text{ N}) \times 4\text{m} = \underline{-100}_6 \text{ J}$$

以上のように，仕事の計算には，変位を分解する方法と力を分解する方法の二つがある。

B－28

【解答】

| 1 |－③| 2 |－⑤| 3 |－②|

問1 運動を微小区間に分けて考える。微小区間での移動距離を $\Delta\ell$，高さの差を Δh，張力の大きさを T とする。

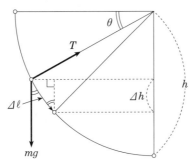

微小区間での重力のする仕事 ΔW_G は，

$$\Delta W_G = mg\Delta\ell\cos\theta = mg\Delta h$$

糸の張力のする仕事 ΔW_T は，

$$\Delta W_T = 0$$

各区間ごとの仕事の総和が全区間での仕事になるので，

$$W_G = mgh = 2 \times 9.8 \times 0.4 = \underline{7.84}\,\text{J}$$

$$W_T = \underline{0}\,\text{J}$$

問2 仕事の総和が運動エネルギーの変化に等しいので，

$$\frac{1}{2} \times 2 \times v^2 = 7.84 + 0 \qquad \therefore \quad v = \sqrt{7.84} = \underline{2.8}\,\text{m/s}$$

B－29

$\boxed{1}$ －②　　$\boxed{2}$ －④

問1 モーターがした仕事率 P_1 は，小球の位置エネルギーの単位時間あたりの変化に等しい。

$$P_1 = \frac{mgh}{t} = \frac{1.5 \times 9.8 \times 4.0}{4.0} \fallingdotseq \underline{15}\,\text{W}$$

問2　実験3における時間を t' とする。実験2と実験3におけるモーターの仕事率が等しいので，

$$\frac{3.0 \times 9.8 \times 4.0}{8.0} = \frac{6.0 \times 9.8 \times 4.0}{t'} \qquad \therefore \quad t' = \underline{16} \text{ 秒}$$

A－30

解答　　$\boxed{1}$ －③　　$\boxed{2}$ －③　　$\boxed{3}$ －③

解説

温度が示しているものは，分子の運動の激しさ${}_1$ である。

絶対温度は，分子1個の運動エネルギーの平均値${}_2$ に比例している。

熱は，温度の異なる物体の間を移動したエネルギー${}_3$ である。

A－31

解答　　$\boxed{1}$ －⑦　　$\boxed{2}$ －②　　$\boxed{3}$ －③

解説

問1　熱容量 C は，

$$C = 100 \text{ g} \times 4.2 \text{ J}/(\text{g} \cdot \text{K}) = \underline{420 \text{ J/K}}$$

問2　熱容量 C の物体の温度を $\varDelta T$ 上げるのに要する熱量 Q は，

$$Q = \underline{C \varDelta T}$$

比熱 c は，

$$c = \underline{\frac{C}{m}}$$

A－32

解答　　$\boxed{1}$ －③　　$\boxed{2}$ －③　　$\boxed{3}$ －①

解説

問1　熱容量 C は，公式 $C = mc$ より，

$$C = mc = 500 \times 4.2 = \underline{2100} \text{ J/K}$$

問2　水の温度変化は $\varDelta T = 22 - 20 = 2 \text{ K}$ なので，水が吸収した熱量 Q_1 は，

$$Q_1 = C \cdot \varDelta T = 2100 \times 2 = \underline{4200} \text{ J}$$

問3 銅の比熱をc_2〔J/g·K〕とすると，銅が放出した熱量Q_2は，
$$Q_2 = mc\varDelta T = 185\,c_2(80-22) = 10730\,c_2\ 〔\text{J}〕$$
熱量の保存より，水が吸収した熱量Q_1と銅が放出した熱量Q_2は等しいので，
$$Q_1 = Q_2 \qquad \therefore\quad 4200 = 10730\,c_2 \qquad \therefore\quad c_2 = \frac{4200}{10730} \fallingdotseq \underline{0.39}\ \text{J/g·K}$$

A－33

解答　　1 － ②　　　2 － ③　　　3 － ②

解説

問1 時間0秒から42秒に着目する。この間に氷の温度は10℃上昇している。氷の比熱をc_0〔J/g·K〕とすると，
$$500 \times 42 = (1.0 \times 10^3) \times c_0 \times 10 \qquad \therefore\quad c_0 = \underline{2.1}\ \text{J/g·K}$$

問2 分子の運動エネルギーは物体の絶対温度に比例する。0℃の氷と0℃の水は温度が同じなので，分子の運動エネルギーも同じ(氷と水では分子間にはたらく力による位置エネルギーが異なる)である。よって，「温度は変化していないが，分子の運動エネルギーは増加している。」は適当でない。

問3 水の比熱c_1は氷の比熱c_0の2.0倍とあるので，
$$c_1 = 2.0\,c_0 = 4.2\ \text{J/g·K}$$
0℃の水が10℃になるまでの経過時間を$\varDelta t$とおくと，
$$500 \times \varDelta t = (1.0 \times 10^3) \times 4.2 \times 10 \qquad \therefore\quad \varDelta t = 84\ \text{秒}$$
したがって，時間は，
$$710 + \varDelta t = \underline{794}\ \text{秒}$$

B－34

解答　　1 － ⑤　　　2 － ①　　　3 － ②

解説

問1 0℃のときの長さをL_0とし，線膨張率をα〔/K〕とすると，t〔℃〕のときの長さLは，
$$L = (1 + \alpha t)L_0$$

この間の伸び $\varDelta L$ は，

$$\varDelta L = L - L_0 = \alpha t L_0$$

この場合の各数値を代入する。

$$\varDelta L = (1.2 \times 10^{-5}) \times 100 \times 10 = 0.012 \text{ m} = \underline{12} \text{ mm}$$

問2 コージェネレーションとは，①「発電の際に放出される熱を暖房などに有効利用する」ことである。

②を示す法則は熱力学第2法則である。③を示す法則は熱力学第1法則である。④の変化は非可逆変化という。

問3 熱を加えず気体を圧縮する変化を断熱圧縮という。断熱圧縮では，気体にされた仕事が気体に内部エネルギーとして与えられ，温度が上昇する。仕事によって温度が上昇する現象と共通点が多い現象は，②「のこぎりで木を切ると，のこぎりの刃や木の温度が上昇する」である。

①の温度変化は光のエネルギーによるものである。③の温度変化はジュール熱によるものである。④の温度変化は燃焼熱によるものである。

B－35

解答　　| 1 |－③　　| 2 |－④

解説

問1 体積が減少するので，図1の場合は気体が仕事をされた。反対に，体積が増加するので，図2の場合は気体が仕事をした。

問2 気体が W〔J〕の仕事をするということは，気体から W〔J〕のエネルギーがピストンを介して外部に出て行くことである。気体が W'〔J〕の仕事をされるということは，気体に W'〔J〕のエネルギーがピストンを介して外部から入ることである。

図1の場合は，された仕事の分だけ気体の内部エネルギーが増加することになり，気体の温度が上がる。図2の場合は，した仕事の分だけ気体の内部エネルギーが減少することになり，気体の温度が下がる。

第2章　波　動

A−36

解答　　1 −④　　2 −④　　3 −①　　4 −③

解説

　問題の図より，AB 間の破線の波の数は$\underset{1}{\underline{4.5}}$ 個である。この単位時間に通過する波の数が$\underset{2}{\underline{\text{振動数}}}$ である。

　横波なので，媒質は$\underset{3}{\underline{\text{上下}}}$ に振動し，単位時間に振動する回数も，4.5回で，この回数も振動数である。

　単位時間に波が進む距離が v で，その中の波の個数が振動数なので，

$$\frac{v}{\lambda} = f \qquad \therefore \quad \underset{4}{\underline{v = f\lambda}}$$

A−37

解答　　1 −②　　2 −①

解説

問1　問題の図より，波長 λ は 4 m である。

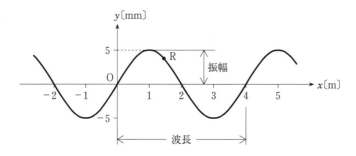

　振動数 f は，波の速さが $v = 20$ m/s なので，

$$f = \frac{v}{\lambda} = \frac{20}{4} = 5 \ \text{Hz}$$

　周期 T は，

$$T = \frac{1}{f} = \frac{1}{5} = \underline{0.2} \text{ s}$$

問2　図の瞬間(時刻 $t = 0$)の波形を
　　　右に少しだけ平行移動させ，時刻
　　　$t = \Delta t$(Δt は微小時間)の波形を作
　　　図する。

　　　　この図より，$x = 1.5$ m の位置
　　　における媒質の位置は点 R から
　　　点 R′ に移動していることがわか
　　　る。したがって，この位置におけ
　　　る媒質の速度の向きは $+y$ 方向の①が正解である。

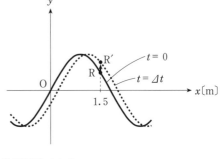

A－38

解答　　$\boxed{1}$－⑤　　$\boxed{2}$－③　　$\boxed{3}$－①　　$\boxed{4}$－③

解説

問1　問題の図より，波長は $\lambda = 2$ m である。速さは $v = 300$ m/s なので，振動数は

$$f = \frac{v}{\lambda} = \frac{300}{2} = \underline{150} \text{ Hz}$$

問2　横波表示された媒質の変位(黒丸)を時計まわりに 90° 回転させると，縦波と
　　　しての変位(白丸)が示される。これより，密な部分と疎な部分がわかる。

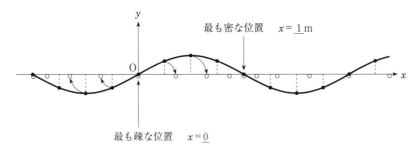

問3　微小時間 Δt〔s〕後の波形から，媒質の速度の向きを求める。

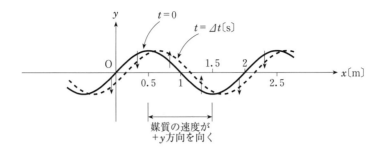

横波表示された波形上で，媒質の速度の向きが $+y$ 方向のとき，実際の媒質の速度の向きは $+x$ 方向である。

$$\therefore \quad \underline{0.5 < x < 1.5}$$

A−39

解答　　1 −①　　2 −②

解説

問1　時刻 $t=0$ から $t=2.0\,\mathrm{s}$ の間に波形が $1.0\,\mathrm{m}$ だけ平行移動しているので，波の速さ v は，

$$v = \frac{1.0}{2.0} = \underline{0.5}\,\mathrm{m/s}$$

問2　時刻 $t=0$ の波形を右に少しだけ平行移動させ，時刻 $t=\varDelta t(\varDelta t$ は微小時間$)$ の波形を作図する。この図より，原点 O の変位は，時刻 $t=0$ で $y=0$（黒丸），時刻 $t=\varDelta t$ で $y<0$（白丸）であることがわかる。

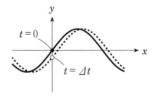

この条件を満たすグラフは次図になる。

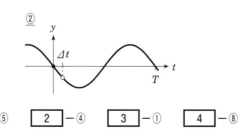

②

B－40

解答　　$\boxed{1}$ － ⑤　　$\boxed{2}$ － ④　　$\boxed{3}$ － ①　　$\boxed{4}$ － ⑧

解説

〔 I 〕

問1　自由端型の反射の場合，次のようにして反射波形を描く。

　　　まず，壁を通り越して入射波形をそのまま延長する。次に，その延長した波形と壁に関して左右対称になる波形(点線)を描く。この波形がその時刻における反射波形になる。

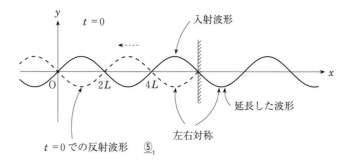

$t=\dfrac{1}{8}T$ の反射波形は，$t=0$ における反射波形が $v\times\dfrac{1}{8}T=\dfrac{1}{8}\lambda$ だけ左に移動したものになる。

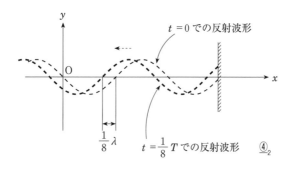

〔Ⅱ〕

問2　固定端型の反射の場合，次のようにして反射波形を描く。

　　まず，自由端の場合と同じく，入射波形を延長したものを描く。次に，それ
を正負逆にする。最後に，その波形と壁に関して左右対称になる波形を描く。
この波形がその時刻における反射波形になる。

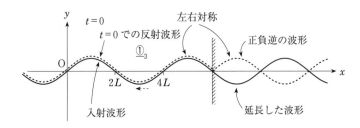

$t = \dfrac{1}{8}T$ の反射波形は，$t = 0$ における反射波形が $v \times \dfrac{1}{8}T = \dfrac{1}{8}\lambda$ だけ左に移動

したものになる。

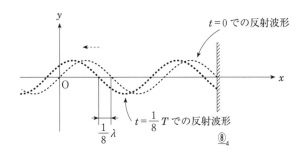

```
┌──────────── 反射 ────────────┐
│ 自由端型 …… 反射壁に腹ができる │
│ 固定端型 …… 反射壁に節ができる │
└──────────────────────────────┘
```

A－41

解説

問 $t=0$ のときの合成波を考える。点 a では，実線の波の山と破線の波の谷が重なり合い，合成変位は0である。点 a 以外についても実線の波の変位と破線の波の変位を重ね合わせると，いたるところで合成変位は0になる。したがって，波形は⑤$_1$である。

次に，$t=\dfrac{1}{4}T$ のときの合成波を考える。$t=0$ のときに点 a にあった実線の波の山は，$t=\dfrac{1}{4}T$ のとき点 b にきている。また，$t=0$ のときに点 c にあった破線の波の山は，$t=\dfrac{1}{4}T$ のとき点 b にきている。したがって，$t=\dfrac{1}{4}T$ のとき，点 b は山と山が重なり，合成変位が $2A$ の高い山になる。これを満たす波形は④$_2$である。

最後に，$t=\dfrac{1}{2}T$ のときの合成波を考える。このときの波形は，$t=0$ のときの波形が実線と破線が入れ替わったものになる。したがって，$t=0$ のときと同様，合成変位はいたるところで0になり，波形は⑤$_3$である。

A－42

解答　　$\boxed{1}$－⑥　　　$\boxed{2}$－⑤

解説

合成波の形を一点鎖線で描き，図から腹の位置を見つける。まず，（ア）の場合は，次図のように，腹の位置は C と G である。

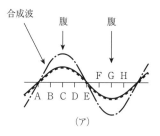

（ア）

（イ）の場合は，合成波の変位がいたるところで0になり，腹の位置が明確にならない。

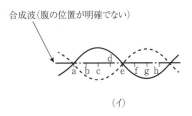

合成波（腹の位置が明確でない）

（イ）

そこで，$\dfrac{1}{4}$ 周期後の進行波の波形を描いて，合成波を作図する。

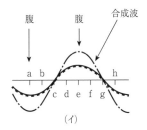

腹　腹　合成波

（イ）

この図より，腹の位置は a と e である。

A－43

解答　　1 － ③

解説

問　縦波には媒質が密になる部分と疎になる部分が現れるので，縦波のことを疎密ア波ともいう。

　音の高低は振動数イで決まり，振動数が大きいほど，高い音，振動数が小さいほど低い音として聞こえる。

　人の耳には振動数が 2.0×10^4 Hz 以上の音は聞こえない。この，振動数が 2.0×10^4 Hz 以上の音を超音波ウという。

A－44

解答　　1 － ②　　2 － ①　　3 － ③

解説

問1 気温が t〔℃〕のときの音速を V〔m/s〕とし，波長を λ〔m〕とする。気温が $t+10$〔℃〕のときの音速を V'〔m/s〕とし，波長を λ'〔m〕とする。

$$\begin{cases} V = 331.5 + 0.6\,t \\ \lambda = \dfrac{V}{f} = \dfrac{331.5 + 0.6\,t}{300} \end{cases} \quad \begin{cases} V' = 331.5 + 0.6\,(t+10) \\ \lambda' = \dfrac{V'}{f} = \dfrac{331.5 + 0.6\,(t+10)}{300} \end{cases}$$

$$\therefore \quad \lambda' - \lambda = \frac{0.6 \times 10}{300} = \underline{0.02} \text{〔m〕}$$

問2 おんさ X の振動数を f とする。1秒あたりのうなりの回数は振動数の差に等しいので，

$$800 - f = 2 \qquad\qquad あるいは \qquad f - 800 = 2$$
$$\therefore \quad f = 798\,\text{Hz} \qquad\qquad\qquad\qquad \therefore \quad f = 802\,\text{Hz}$$

振動数 800 Hz のおんさ Y の枝に針金を巻くと，枝の質量が増えるために振動が妨げられ，振動数が小さくなる。すなわち，おんさ Y の振動数は 800 Hz より小さくなる。うなりが聞こえなくなったのは，おんさ Y の振動数が 800 Hz から 798 Hz に下がり，おんさ X の振動数と一致したからと考えられる。すなわち，おんさ X の振動数は，

$$f = \underline{798}\,\text{Hz}$$

うなりの回数
$n = \lvert f_1 - f_2 \rvert$

問3 壁に入射する音波と壁で反射された音波が重なり，壁とスピーカーとの間に定常波ができる。この定常波の中を移動すると，定常波の腹の位置と節の位置では音波の聞こえ方が違ってくる。

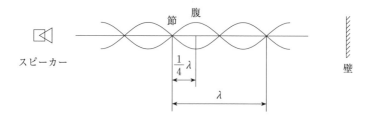

音波の波長が λ のとき，腹と節の間隔は $\dfrac{1}{4}\lambda$ になるので，音が大きく聞こえる所と音が小さく聞こえる所の間隔も $\dfrac{1}{4}\lambda$ になる。

$$\therefore \quad \frac{1}{4}\lambda = \frac{V}{4f}$$

〈参考〉　人の耳は空気の密度変化に対して反応するため，密度変化が大きくなる節の位置で音が大きく聞こえ，密度変化が小さくなる腹の位置では音が小さく聞こえる。

A－45

解答　　1 －②　　2 －④

解説

問1　AB 間の弦の長さが半波長に等しいので，波長を λ とすると，
$$\lambda = 2 \times 0.40 = 0.80 \text{ m}$$
振動数 f は 400 Hz なので，波の速さ v は，
$$v = f\lambda = 400 \times 0.80 = \underline{320} \text{ m/s}$$

問2　腹が 2 個できた場合は，弦の長さが波長に等しい。波長を λ' とすると，
$$\lambda' = 0.40 \text{ m}$$
波の速さは変わらないので，振動数 f' は，
$$f' = \frac{v}{\lambda'} = \frac{320}{0.40} = \underline{800} \text{ Hz}$$

B－46

解答　　1 －⑥　　2 －②

解説

問1　開口端には定常波の腹ができ，ピストンには定常波の節ができる。また，最初の共鳴のときのピストンの位置にも定常波の節ができている。定常波の波形は右のようになる。

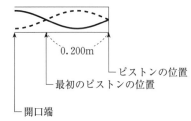

0.200m
ピストンの位置
最初のピストンの位置
開口端

波長を λ_0 [m] とすると,

$$\frac{1}{2}\lambda_0 = 0.200 \qquad \therefore \quad \lambda_0 = 0.400 \text{ m}$$

音速は $V = 340.0$ m/s なので,

$$f_0 = \frac{V}{\lambda_0} = \frac{340.0}{0.400} = \underline{8.50 \times 10^2 \text{ Hz}}$$

問2 気柱内にできているのは音波の定常波なので, 波形は, 次図の実線, 一点鎖線, 点線などをくり返す。

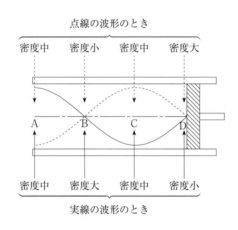

点線の波形のとき

密度中　密度小　密度中　密度大

A　B　C　D

密度中　密度大　密度中　密度小

実線の波形のとき

　B, D の位置は節であり, 空気は振動していないが, 密と疎をくり返すので, 密度変化が大きい。A, C の位置は腹であり, 空気は大きく振動している。しかし, この位置は, どんなときも密と疎の中間なので, 密度は一定である。したがって, 管口 A 付近の空気は, 激しく振動しているが, 密度変化は小さい。

> **ADVICE**　発音体
>
> 　発音体の問題は, 定常波の波形を描くところから解き始めること。

第3章　電　気

A－47
解答　　[1]－①　　[2]－②　　[3]－③

解説

　静電誘導により，棒の負電荷に近い方の円板は正に帯電し，棒の負電荷から遠い方の箔は負に帯電する。これは，負に帯電している電子が円板から箔に向かって移動したからである。

　はじめ箔検電器が帯電していたとしても，人が円板部分に触れると，人から電子が流入したり，人に電子が出ていったりして，箔検電器の帯電状態がなくなる。

A－48
解答　　[1]－④　　[2]－④

解説

問1　電子は負に帯電しており，その移動方向と逆向きを電流の向きと定義している。

問2　電流の強さは導線の任意の断面を単位時間に通過する電気量である。1秒間に通過する電子の個数を N とすると，

$$N = \frac{4.8}{1.6 \times 10^{-19}} = 3.0 \times 10^{19} \text{ 個/秒}$$

A－49
解答　　[1]－①　　[2]－③　　[3]－③

解説

a．合成抵抗を R_1 とする。

$$\frac{1}{R_1} = \frac{1}{1} + \frac{1}{2} + \frac{1}{3} = \frac{6+3+2}{6} \qquad \therefore \ R_1 = \frac{6}{11} \doteqdot 0.55 \ \Omega$$

b．左半分の合成抵抗を r_1，右半分の合成抵抗を r_2 とする。

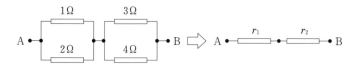

$$\frac{1}{r_1} = \frac{1}{1} + \frac{1}{2} \qquad \therefore \quad r_1 = \frac{2}{3} \ \Omega \qquad\qquad \frac{1}{r_2} = \frac{1}{3} + \frac{1}{4} \qquad \therefore \quad r_2 = \frac{12}{7} \ \Omega$$

全体の合成抵抗 R_2 は,

$$R_2 = r_1 + r_2 = \frac{2}{3} + \frac{12}{7} = \frac{14 + 36}{21} = \frac{50}{21} \fallingdotseq \underline{2.4} \ \Omega$$

c．左右の抵抗をつなぐ導線を広い導体板に置き換えると，前問 **b**．と同じ回路であることがわかる。

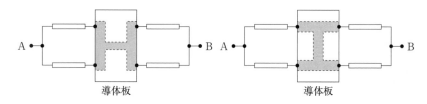

導体板　　　　　　　　　　　　　　導体板

合成抵抗は前問 **b**．と同じである。　　　$\therefore$　　$\underline{2.4} \ \Omega$

A－50

解答　　$\boxed{1}$ －②

解説

問　抵抗率を ρ とすると，長さ ℓ，断面積 S の抵抗体の電気抵抗 R は，

$$R = \rho \frac{\ell}{S}$$

抵抗 A について，表で与えられた単位のまま数値を代入すると，

$$20 = \rho \frac{20}{\pi \times 1.0^2} \qquad \therefore \quad \rho = \pi$$

抵抗 B の抵抗値を R_B〔Ω〕とすると，

$$R_B = \pi \times \frac{20}{\pi \times 2.0^2} = \underline{5.0}_{\mathcal{P}}$$

抵抗 C の長さを ℓ_C 〔cm〕とすると,

$$10 = \pi \times \frac{\ell_C}{\pi \times 3.0^2} \qquad \therefore \quad \ell_C = \underline{90}_{\text{イ}}$$

B－51

既解答 $\boxed{1}$ －③ $\boxed{2}$ －④

既解説

問1 20 Ω の抵抗と 30 Ω の抵抗は並列なので, 同じ電圧 V〔V〕がかかっている。

20 Ω $\cdots V = 20\,I_1$ 　　　 30 Ω $\cdots V = 30\,I_2$

$$\therefore \quad 20\,I_1 = 30\,I_2 \qquad \therefore \quad \frac{I_1}{I_2} = \frac{30}{20} = \underline{\frac{3}{2}}$$

問2 問1より $V_1 = V_2 = V$ である。また, これらの抵抗と 8 Ω の抵抗は直列に接続されているので, 8 Ω にかかる電圧 V_3〔V〕とこの V〔V〕の和が全体の電圧 $40\,V$ に等しい。

$$\therefore \quad V + V_3 = 40 \qquad \therefore \quad \underline{V_1 + V_3 = 40, \ V_1 = V_2}$$

B－52

既解答 $\boxed{1}$ －④ $\boxed{2}$ －⑧ $\boxed{3}$ －② $\boxed{4}$ －①

　　　　 $\boxed{5}$ －②

既解説

問1 電圧を V, 電流を I とすると, 消費電力 P は,

$$P = IV \qquad \therefore \quad I = \frac{P}{V} = \frac{60}{100} = \underline{0.60}_1 \ \text{A}$$

抵抗値 R は, オームの法則より,

$$R = \frac{V}{I} = \frac{100}{0.60} \fallingdotseq \underline{167}_2 \ \Omega$$

問2 電力は単位時間あたりのエネルギーである。エネルギーの単位は運動エネルギーを考えて求めると, $\text{kg} \cdot \text{m}^2/\text{s}^2$ である。これをさらに時間の単位〔s〕で割って,

$$\underline{\text{kg} \cdot \text{m}^2/\text{s}^3}_3$$

電力量はエネルギーなので，

$$\underline{\mathrm{kg\cdot m^2/s^2}}_4$$

問3 100 kWh は 100 kW $= 100 \times 10^3$ W $= 100 \times 10^3$ J/s の仕事率を 1 時間 $= 60 \times 60$ 秒間だけ継続するときのエネルギーであるから，

$$100 \times 10^3 \times 60 \times 60 = \underline{3.6}_5 \times 10^8 \,\mathrm{J}$$

B－53

解答　　$\boxed{1}$ － ③　　$\boxed{2}$ － ②

解説

問1　70 V がかかるときに流れる電流は，問題のグラフより，0.8 A である。したがって，抵抗値 R は，

$$R = \frac{70}{0.8} \fallingdotseq \underline{88}\,\Omega$$

問2　2 個の電球が直列に接続されると，流れる電流の強さは同じになる。電流が同じ場合，1 個の電球にかかっている電圧も等しい。したがって，全体にかかる電圧 60 V の半分，30 V の電圧がそれぞれの電球にかかっている。

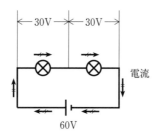

　　問題のグラフより，30 V の電圧がかかっているときの電流は 0.4 A なので，消費電力 P は，

$$P = 0.4 \times 30 = \underline{12}\,\mathrm{W}$$

A－54

解答　　$\boxed{1}$ － ①　　$\boxed{2}$ － ①　　$\boxed{3}$ － ①

問1 磁気力も作用・反作用の法則にしたがうので，コイルは右向きの力を受ける。

問2 コイルの電流が逆向きになると，棒磁石が受ける力も逆向きになるので，右向きの力を受ける。

問3 棒磁石が受ける力を大きくするには，コイルに流れる電流を強くするとよい。

A－55

解答　　1 － ②　　2 － ①　　3 － ①

問1 誘導起電力を大きくするためには，棒磁石を近づける速さを大きくするとよい。

問2 コイルに流れる電流の向きを逆にするには，棒磁石の動きを逆，すなわち棒磁石を勢いよく遠ざけるとよい。

問3 動きを妨げる力が生じるので，近づけると反発力，遠ざけると引力がはたらく。

A－56

解答　　1 － ②　　2 － ②

問1 電圧を V，電流を I とすると，家庭に供給する電力 P は $P=IV$ である。電圧 V が大きいと，電流 I は小さい。

$$P=IV \Longrightarrow V \text{ が大きいと，} I \text{ が小さい}$$

一方，送電線の全抵抗を R とおくと，送電線での電力損失 P' は，$P'=RI^2$ なので，I が小さいほど損失が少ない。

$$P'=RI^2 \Longrightarrow I \text{ が小さいと損失が少ない}$$

すなわち，送電線での電圧が非常に高い理由は，電圧を大きくすると送電線に流れる電流が小さくなり，電力の損失が少なくなるからである。

問2　変圧器において，電圧の比と巻数の比は同じになる。したがって，二次コイルに現れる電圧を V とすると，

$$200 : 400 = 100 : V \qquad \therefore \quad V = \underline{200\ \mathrm{V}}$$

電圧は変化するが，周波数は変化しないので，二次コイルに現れる電圧の周波数は <u>50 Hz</u> である。

A－57

解答
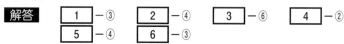

解説

問1　原子核内の陽子の数を<u>原子番号</u>$_1$，陽子の数と中性子の数の和を<u>質量数</u>$_2$という。陽子の数が同じで中性子の数が異なるのは<u>同位体</u>$_3$という。

　　ウランやプルトニウムに中性子が衝突すると，原子核が複数の原子核に分かれる。この現象を<u>核分裂</u>$_4$という。

問2　放射線の強さの目安として使われる単位のうち，グレイは<u>吸収線量</u>$_5$と呼ばれる。1グレイは，物質1 kg あたりに吸収されるエネルギーが1 J であることを示す。シーベルトは<u>等価線量</u>$_6$と呼ばれる。放射線の種類によって，人体への影響が異なるので，その違いを考慮したものである。